金属热处理与表面防护

吝君瑜 主 编
徐素琴 秦学文 副主编

清华大学出版社
北京

内 容 简 介

本书是高等职业院校机械制造与维修类的专业教材，内容主要包括金属热处理与金属表面防护，重点介绍金属热处理与金属表面防护的必备知识，为金属热处理与金属表面防护的常用操作技能培训提供指导。依据金属热处理与金属表面防护的工艺流程，将全书内容分为六个项目，每个项目包括项目要求、知识要点框架、相关知识、任务与实施、复习思考题，并配套操作视频指导训练，可扫描书中二维码在线观看。

本书可作为高等职业院校机械制造与维修、材料科学与工程等相关专业的教材，也可作为相关工程技术人员的参考用书。

本书封面贴有清华大学出版社防伪标签，无标签者不得销售。
版权所有，侵权必究。举报: 010-62782989, beiqinquan@tup.tsinghua.edu.cn。

图书在版编目（CIP）数据

金属热处理与表面防护/沓君瑜主编. —北京: 清华大学出版社, 2022.9
ISBN 978-7-302-61514-9

Ⅰ.①金… Ⅱ.①沓… Ⅲ.①热处理－高等职业教育－教材 ②金属表面处理－高等职业教育－教材 Ⅳ.①TG15 ②TG17

中国版本图书馆 CIP 数据核字（2022）第 141700 号

责任编辑: 颜廷芳
封面设计: 傅瑞学
责任校对: 刘　静
责任印制: 朱雨萌

出版发行: 清华大学出版社
　　网　　址: http://www.tup.com.cn, http://www.wqbook.com
　　地　　址: 北京清华大学学研大厦 A 座　　邮　编: 100084
　　社 总 机: 010-83470000　　邮　购: 010-62786544
　　投稿与读者服务: 010-62776969, c-service@tup.tsinghua.edu.cn
　　质量反馈: 010-62772015, zhiliang@tup.tsinghua.edu.cn
　　课件下载: http://www.tup.com.cn, 010-83470410
印 装 者: 三河市龙大印装有限公司
经　　销: 全国新华书店
开　　本: 185mm×260mm　　印　张: 10.25　　字　数: 258 千字
版　　次: 2022 年 11 月第 1 版　　印　次: 2022 年 11 月第 1 次印刷
定　　价: 39.00 元

产品编号: 094899-01

前 言
PREFACE

本书是高等职业院校机械制造与维修类专业的教材,重点介绍金属热处理与金属表面防护的相关知识,为金属热处理与金属表面防护的常用操作技能培训提供指导。本书内容主要包括金属热处理与金属表面防护两大部分。项目1～项目3为金属热处理部分,介绍了热处理的基本知识和常用工艺,设置了热处理的普通实践训练任务。为了帮助学生通过准确识别材料来制定正确的热处理工艺,通过性能测试检验热处理效果,在热处理部分还设置了金属性能指标的识别、硬度测试、常用金属成分识别的学习项目和训练任务。项目4～项目6为金属表面防护部分,介绍了金属表面清洁与防护的相关知识,设置了对金属表面清洁与防护的学习项目和训练任务,帮助学生学习机械制造与维修类工作岗位上常用的除油、除锈、除漆所需的清洁方法,以及发蓝、磷化、涂漆等常用表面防护技术。本书的主要内容分成六个项目:金属性能指标的识别及硬度测试、常用金属成分的识别、常用钢的热处理、金属表面清洁处理、金属表面的发蓝与磷化、金属表面的涂漆。

本书具有以下特色。

(1) 突出职业技术教育特色。结合高职教育的特点,坚持与岗位工作实际相结合的原则设置教学内容;以岗位任职能力的形成作为牵引,精简整合理论知识,增加技能实践训练的比重与指导。

(2) 适于"教—学—练"理实一体教学。针对每个项目内容,安排对应的实践训练任务,将理论知识与技能实践训练有机融合,注重引导学生在实践中培养动手能力,在操作中理解相关理论知识;每个项目均有总结与巩固环节,并设有知识要点框架图和复习思考题,帮助学生理解、巩固所学知识,培养学生应用所学知识与技能分析并解决实际问题的能力。

(3) 在编写模式方面力求营造一个更加直观的认知环境。尽可能使用图片、实物照片及表格将各个知识点和训练要点生动地展示出来;每个项目的实践训练任务均制作了视频,通过视频进行了直观演示,扫描书中相应位置的二维码即可在线观看。

本书由茗君瑜任主编,徐素琴、秦学文任副主编,林栋、吴永胜、汪洋、吴琴等参与编写。其中,茗君瑜编写了项目1和项目2,茗君瑜、吴永胜编写了项目3,汪洋、秦学文编写了项目4,茗君瑜、吴琴编写了项目5,徐素琴、林栋编写了项目6。本书由陆军工程大学军械士官学校周厚强副教授和国营武汉长虹机械厂许文志高级工程师主审,由陆军工程大学军械士官学校王在渊校对。本书的图片由徐素琴、秦学文处理；本书的实践教学视频由衾君瑜策划,彭颖、王建仁拍摄,徐素琴、秦学文剪辑,彭颖配音,汪洋、吴永胜、林栋、王松叶、邵南曦、敖建章、汪瀚宁、汪晓崇等参与制作。本书在编写过程中参考了许多专家的编写成果,并得到了学校、兄弟单位、出版社和印刷厂同志的大力支持和帮助,在此一并致谢。

由于编者水平有限,书中难免有疏漏之处,敬请广大读者批评、指正。

编者

2022 年 4 月

目　录
CONTENTS

项目 1　金属性能指标的识别及硬度测试 ·· 1

1.1　金属的力学性能 ··· 1
  1.1.1　强度与塑性 ·· 2
  1.1.2　硬度 ·· 6
  1.1.3　冲击韧性 ·· 9
  1.1.4　疲劳强度 ·· 9
1.2　金属的其他性能 ··· 11
  1.2.1　物理性能 ·· 11
  1.2.2　化学性能 ·· 13
  1.2.3　工艺性能 ·· 14
1.3　任务与实施 ··· 14
  任务 1　测试金属试样硬度 ·· 14
  任务 2　识读金属常用力学性能指标 ··· 20
1.4　复习思考题 ··· 21

项目 2　常用金属成分的识别 ·· 23

2.1　常用钢及其牌号 ··· 24
2.2　常用钢的火花特征 ·· 31
2.3　常用有色金属及其牌号 ·· 39
2.4　任务与实施 ··· 53
2.5　复习思考题 ··· 56

项目 3　常用钢的热处理 ··· 58

3.1　热处理基本知识 ··· 59
  3.1.1　铁碳合金状态图 ··· 60
  3.1.2　过冷奥氏体的冷却曲线 ·· 64
3.2　退火与正火 ··· 69
  3.2.1　退火 ··· 69

3.2.2 正火 ··· 70
3.2.3 正火与退火的选用 ··· 71
3.3 淬火与回火 ·· 72
3.3.1 淬火 ··· 72
3.3.2 回火 ··· 75
3.4 钢的表面热处理 ··· 77
3.4.1 表面淬火 ··· 77
3.4.2 钢的化学热处理 ·· 79
3.4.3 表面淬火和化学热处理的比较 ································· 81
3.5 任务与实施 ·· 82
任务 1 钢件的退火和正火 ··· 82
任务 2 钢件的淬火和回火 ··· 84
3.6 复习思考题 ·· 86

项目 4 金属表面清洁处理 ··· 91

4.1 除油 ··· 92
4.1.1 碱液除油 ··· 92
4.1.2 金属清洗剂除油 ·· 93
4.1.3 有机溶剂除油 ··· 94
4.2 除锈 ··· 94
4.2.1 机械除锈 ··· 94
4.2.2 手工除锈 ··· 95
4.2.3 化学除锈 ··· 95
4.2.4 电解除锈 ··· 96
4.3 除漆 ··· 96
4.3.1 手工除漆 ··· 97
4.3.2 机械除漆 ··· 97
4.3.3 高温除漆 ··· 97
4.3.4 有机溶剂除漆 ··· 97
4.3.5 化学除漆 ··· 98
4.4 任务与实施 ·· 98
4.5 复习思考题 ·· 102

项目 5 金属表面的发蓝与磷化 ··· 104

5.1 发蓝 ··· 104
5.1.1 发蓝液的成分与配制 ·· 105
5.1.2 发蓝工艺 ··· 106
5.1.3 发蓝质量检验 ··· 106
5.1.4 影响发蓝质量的因素 ·· 107
5.2 磷化 ··· 108

5.2.1　磷化液的成分与配制 …………………………………………… 108
　　　5.2.2　磷化工艺过程 ………………………………………………… 109
　　　5.2.3　磷化质量检验 ………………………………………………… 110
　　　5.2.4　磷化常见缺陷分析及排除方法 ………………………………… 111
　5.3　任务与实施 …………………………………………………………… 111
　　　任务1　钢的发蓝 ………………………………………………………… 111
　　　任务2　钢的磷化 ………………………………………………………… 116
　5.4　复习思考题 …………………………………………………………… 118

项目6　金属表面的涂漆 …………………………………………………… 119
　6.1　涂料 …………………………………………………………………… 119
　　　6.1.1　涂料的组成 ………………………………………………… 119
　　　6.1.2　涂料的分类、命名及型号 ……………………………………… 120
　　　6.1.3　涂料的选择与调制 …………………………………………… 122
　6.2　涂漆 …………………………………………………………………… 124
　　　6.2.1　常用涂漆方法 ………………………………………………… 124
　　　6.2.2　涂漆工艺 ……………………………………………………… 128
　　　6.2.3　涂膜质量检验 ………………………………………………… 130
　　　6.2.4　常规涂漆缺陷及防治方法 ……………………………………… 130
　6.3　迷彩漆 ………………………………………………………………… 132
　　　6.3.1　迷彩漆的定义 ………………………………………………… 132
　　　6.3.2　迷彩漆的颜色定义 …………………………………………… 132
　　　6.3.3　迷彩漆的物理化学特性与配置原则 …………………………… 133
　　　6.3.4　图案类别 ……………………………………………………… 133
　6.4　任务与实施 …………………………………………………………… 133
　　　任务1　钢件表面涂漆 …………………………………………………… 133
　　　任务2　迷彩漆的涂制 …………………………………………………… 136
　6.5　复习思考题 …………………………………………………………… 140

附录 ……………………………………………………………………………… 141

附录A　压痕直径与布氏硬度对照表 …………………………………………… 141
附录B　希腊字母及近似读音 …………………………………………………… 147
附录C　钢的临界直径 D_0 ……………………………………………………… 147
附录D　常用钢临界温度及热处理工艺参数 …………………………………… 149
附录E　钢的辐射火色 …………………………………………………………… 154

参考文献 ……………………………………………………………………… 155

项目 1　金属性能指标的识别及硬度测试

项目要求

本项目包括金属性能的类型、主要技术指标及其实用意义,重点介绍在机械加工和维修中需要注意的金属力学性能的常用指标及其测试方法。通过对力学性能常用指标的识读以及使用布氏硬度计和洛氏硬度计测试金属硬度,训练学生正确识读金属力学性能常用指标、熟练测试金属硬度的能力。

知识要求:
(1) 掌握金属性能的分类及涵盖内容。
(2) 掌握金属力学性能的常用衡量指标及标识方法。
(3) 掌握金属力学性能常用指标的实用意义。

技能要求:
(1) 能正确识读金属力学性能的常用指标。
(2) 学会使用布氏硬度计和洛氏硬度计测定金属硬度。

知识要点框架

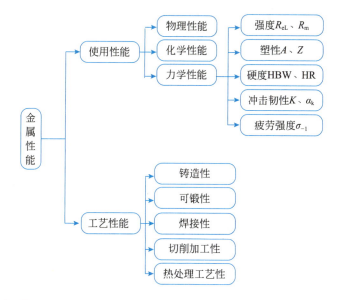

1.1　金属的力学性能

金属的性能通常分为物理性能、化学性能、力学性能和工艺性能。因物理性能、化学性能和力学性能是金属在使用条件下表现出来的性能,又被合称为使用性能。工艺性能是指金属在制造工艺过程中适应加工的能力。金属加工成零件一般需要经历如图 1-1 所示的制造工艺过程,其工艺性能主要包括铸造性、可锻性、焊接性、切削加工性、冷弯性、热处理工艺性等。

图 1-1 金属的一般制造工艺过程

金属零件和工具在使用过程中往往会受到各种外力的作用,这就要求金属必须具有一定承受外力而不超过许可变形或不被破坏的能力,这种能力就是金属的力学性能。力学性能的衡量指标主要有强度、塑性、硬度、冲击韧性、疲劳强度等。在装备及工具的设计、制造、维修中使用金属时,大多以其力学性能为主要依据。

金属在加工和使用过程中所受的外力称为载荷。载荷有大有小、有静止的和冲击的、有变化的和不变化的。根据载荷作用性质的不同,可分为静载荷、冲击载荷、循环载荷三种。

静载荷是指大小不变或变化缓慢的载荷。如静置在桌子上的计算机对桌面所施加的载荷。

冲击载荷是指短时间内以较高速度作用于零件上的载荷,一般指突然增加的载荷。如钉钉子时,钉子所受的载荷。

循环载荷是指大小或方向随时间作周期性变化的载荷。如齿轮在工作过程中所承受的载荷。

金属在载荷的作用下发生的几何形状和尺寸的变化称为变形。变形一般分为弹性变形和塑性变形两种。弹性变形是指载荷卸载后可完全恢复到原始形状和尺寸的变形。塑性变形是指在载荷作用下断裂前发生的不可逆永久变形。

载荷作用在金属上时,在金属内部会产生一个与载荷相对抗的力,该力称为内力。单位面积上的内力称为应力,用 R 表示,其计算公式为

$$R = \frac{F}{S}$$

式中,F——载荷(N);

S——横截面积(mm^2);

R——应力(MPa),$1MPa = 1N/mm^2$。

提示:金属在承受载荷时,一般会出现相互联系的三个过程:弹性变形、塑性变形和断裂,对于不同类型的载荷,这三个过程的发生和发展是有差异的。

1.1.1 强度与塑性

金属的强度与塑性是通过静拉伸试验测量的。

1. 静拉伸试验

1)试样——拉伸试样

试验时,先将被测试金属加工成标准试样,按照国家标准的相关规定,常用的拉伸试样是圆形试样,如图 1-2 所示。图中,d_0 是试样的原始横截面直径,S_0 是原始横截面积,L_0 是原始标距长度,L_1 是断后标距长度。根据原始标距长度 L_0 与直径 d_0 之间的关系,试样分为长

试样($L_0=10d_0$)和短试样($L_0=5d_0$)两种。

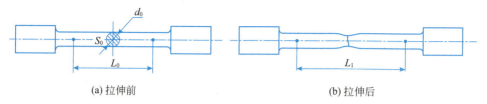

图 1-2　拉伸试样

2）试验设备——拉伸试验机

图 1-3 所示为拉伸试验机。将试样装夹在试验机上，然后缓慢施加拉伸载荷，直至试样拉断。图 1-4 所示为拉伸中的试样。

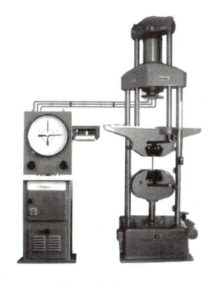

图 1-3　拉伸试验机

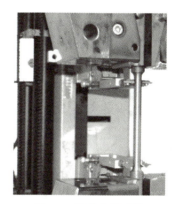

图 1-4　拉伸中的试样

3）试验结果与分析——拉伸曲线

拉伸试验机具有自动记录装置，它可以把作用在试样上的拉伸载荷的大小和相对应的伸长量之间的关系记录下来并绘出曲线，该曲线称为拉伸曲线。图 1-5 所示为低碳钢的拉伸曲线。

由低碳钢的拉伸曲线可以看出，随着拉伸载荷的不断增加，试样经历了以下几个阶段的变化。

（1）弹性变形阶段（O-e）。当载荷不超过 F_e 时，如果去除载荷，试样即恢复到原来尺寸。

（2）屈服阶段（s 点附近）。当载荷超过 F_e 后，试样将进一步伸长，此时若去除载荷，弹性变形会消失，但另一部分变形却不能消失，即产生了塑性变形；当载荷增加到 F_{eL} 后，曲线为锯齿状，这种载荷不增加变形却继续增加的现象称为屈服。F_{eL} 为屈服载荷。

（3）强化阶段（屈服后至 b 点）。当载荷大于 F_{eL} 后，试样再继续伸长则必须不断增加载荷。随着弹性变形的增大，变形抗力也逐渐增大，这种现象称为形变强化（或称为加工硬化）。F_m 为试样在屈服阶段后所能抵抗的最大力。

（4）缩颈与破断阶段（b-z）。当载荷达到最大值 F_m 后，试样截面发生局部收缩，称为"缩

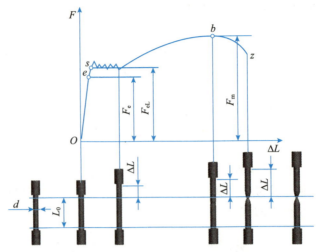

图 1-5 低碳钢的拉伸曲线

颈"。这时变形主要集中在缩颈部位,直至 z 点时试样被拉断。

> **提示**:除低碳钢、中碳钢和少数合金钢在拉伸时有屈服现象外,大多数金属材料没有明显的屈服和缩颈现象。

2. 强度与强度指标

强度是指金属在静载荷作用下抵抗变形和断裂的能力,用应力大小来度量,用符号 R 表示。常用强度指标如下。

1) 屈服强度

材料开始产生屈服现象时的最低应力称为屈服强度,用符号 R_{eL} 表示,即

$$R_{eL} = \frac{F_{eL}}{S_0}$$

式中,F_{eL}——试样屈服时的最小载荷(N);

S_0——试样工作部分原始横截面积(mm^2);

R_{eL}——屈服强度(MPa)。

> **提示**:对没有明显屈服现象的金属,工程上规定试样产生 0.2% 残余伸长量时的应力值作为该材料的条件屈服强度,用 $R_{P0.2}$ 表示,可以替代屈服强度。屈服强度是工程技术中重要力学性能指标之一,设计零件时常以 R_{eL} 或 $R_{P0.2}$ 作为选用金属的依据。

2) 抗拉强度

金属断裂前所能承受的最大应力称为抗拉强度,用符号 R_m 表示,即

$$R_m = \frac{F_m}{S_0}$$

式中,F_m——试样在断裂前的最大载荷(N);

S_0——试样工作部分原始横截面积(mm^2);

R_m——抗拉强度(MPa)。

几种常用金属的抗拉强度见表 1-1。

表 1-1　几种常用金属的抗拉强度

材　料	抗拉强度/MPa	材　料	抗拉强度/MPa
铝合金	100～600	马氏体不锈钢	450～1300
铜合金	200～1300	中碳钢	350～500
灰铸铁	150～400	铁素体不锈钢	500～600

提示：零件在工作中所承受的应力不允许超过抗拉强度 R_m，否则会产生断裂。金属材料的 R_eL、R_m 可在材料手册中查得。

  拓展阅读

金属在静载荷作用下产生弹性变形的难易程度称为刚度。刚度的衡量指标主要是弹性模量。弹性模量值越大，金属材料的刚度越大，抵抗弹性变形的能力越强。车床的主轴、导轨、丝杠等在工作时若产生过大弹性变形会影响加工精度，在设计、加工时需考虑刚度要求，选用弹性模量值大的材料。

3. 塑性与塑性指标

塑性是指金属在断裂前产生塑性变形的能力。塑性指标常用断后伸长率 A 和断面收缩率 Z 表示。

1) 断后伸长率

断后伸长率是指试样拉断后标距的伸长量与试样原始标距长度的百分比。计算公式为

$$A = \frac{L_1 - L_0}{L_0} \times 100\%$$

式中，A——断后伸长率(%)；

L_0——试样原始标距长度(mm)；

L_1——试样拉断后对接起来所测得的标距长度(mm)。

提示：工程上通常按断后伸长率的大小把金属分为两类：$A \geqslant 5\%$ 为塑性材料，如低碳钢；$A < 5\%$ 为脆性材料，如灰铸铁。

2) 断面收缩率

断面收缩率是指试样拉断后缩颈处横截面积的最大缩减量与原始横截面积的百分比。计算公式为

$$Z = \frac{S_0 - S_1}{S_0} \times 100\%$$

式中，Z——断面收缩率(%)；

S_0——试样原始横截面积(mm^2)；

S_1——试样拉断后缩颈处最小横截面积(mm^2)。

提示：A 是用短试样测得的断后伸长率，若用长试样测得的断后伸长率用 $A_{11.3}$ 表示。断后伸长率与试样尺寸有关，一般同种材料的 A 要大于 $A_{11.3}$，断面收缩率与试样尺寸无

关，因此，断面收缩率比断后伸长率更能反映材料塑性的好坏，比较材料断后伸长率时要注意试样规格的统一。

A 和 Z 越大，说明金属的塑性越好。金属的塑性指标对零件的压力加工和使用安全都具有重要的实际意义。例如，工业纯铁的 A 可达 50%，Z 可达 80%，故可以拉制细丝、轧制薄板等；铸铁的 A 几乎为零，所以不能进行塑性变形加工；塑性好的金属，在受力过大时，首先产生塑性变形而不致发生突然断裂，因此比较安全。

1.1.2 硬度

硬度是指金属抵抗局部变形，特别是塑性变形、压痕或划痕的能力。它是衡量金属软硬程度的力学性能指标。硬度测试不需要制作专门试样，可以在零件或工具上直接测试。工程上最常用的硬度有布氏硬度、洛氏硬度和维氏硬度三种。

1. 布氏硬度

（1）测试设备：布氏硬度计如图 1-6 所示。

（2）测试原理：布氏硬度的试验原理如图 1-7 所示。用一定直径（D）的硬质合金球，在规定载荷（F）的作用下压入试样表面保持一定时间后卸除载荷，以单位压痕面积上所承受的载荷作为布氏硬度值，用符号 HBW 表示，即

$$\mathrm{HBW}=\frac{F}{S}=0.102\times\frac{2F}{\pi D(D-\sqrt{D^2-d^2})}$$

式中，F——载荷（N）；

S——试样表面的压痕面积（mm^2）；

D——压头的直径（mm）；

d——压痕的直径（mm）。

试验时可用读数显微镜（见图 1-8）测出压痕直径 d 的大小，通过计算或查专用硬度表（见附录 A）得出硬度值。布氏硬度习惯上不标单位。

图 1-6 布氏硬度计

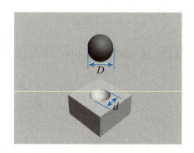
图 1-7 布氏硬度的试验原理

图 1-8 读数显微镜

（3）布氏硬度的表示方法：硬度值 HBW 试验条件（试验条件包括压头直径、载荷大小、载荷保持时间）。如用直径为 10mm 的压头，在 9.8kN（1000kgf）载荷作用下，保持 30s 后所测得的硬度值为 120 的布氏硬度记为 120HBW10/1000/30。

> 提示：采用压头直径 D 为 10mm，载荷 F 为 29.42kN(3000kgf)，保持时间为 10s 的条件下测得的硬度值不标注试验条件，如 110HBW 表示用直径为 10mm 的压头、在29.42kN(3000kgf)载荷作用下、保持 10s 后所测得的硬度值为 110。
>
> 载荷保持时间为 10~15s 时，试验条件中无须标注试验时间。如 350HBW5/750 表示用直径为 5mm 的硬质合金球在 7.355kN(750kgf)载荷作用下保持 10~15s 所测得的布氏硬度值为 350。
>
> 在国家标准 GB/T 231.1—2002《金属布氏硬度试验 第 1 部分：试验方法》之前的国家标准中采用的压头有淬火钢球，其测量的硬度用符号 HBS 表示。

2. 洛氏硬度

（1）测试设备：洛氏硬度计如图 1-9 所示。

（2）测试原理：洛氏硬度试验原理如图 1-10 所示。在规定载荷（F）作用下，将金刚石圆锥体压头、钢球压头或硬质合金球压头压入试样表面，根据压痕深度（h）来确定其硬度值，用符号 HR 表示，即

$$HR = N - \frac{h}{0.002}$$

式中，N——常数。对于标尺 A、C，$N=100$；对于标尺 B，$N=130$。

h——压痕深度（mm）。

图 1-9　洛氏硬度计

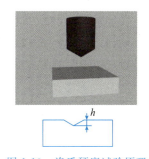

图 1-10　洛氏硬度试验原理

洛氏硬度试验采用不同的压头和载荷，可以试验从软到硬的各种材料。最常用的三种标尺的洛氏硬度列于表 1-2 中，其中 HRC 应用最多。洛氏硬度值无单位，硬度值可在硬度计的读数表盘上直接读出。

（3）洛氏硬度的表示方法：硬度值 HR 标尺字母，如 80HRA、50HRC 等。

> 提示：对于 HRB，若压头为钢球，则硬度符号后加 S；若压头为硬质合金球，则硬度符号后加 W，如 60HRBW 表示用硬质合金球压头在 B 标尺上测得的洛氏硬度，硬度值为 60。

3. 维氏硬度

（1）测试设备：维氏硬度计如图 1-11 所示。

(2) 测试原理:维氏硬度试验原理如图 1-12 所示。用一个相对夹角为 136°的金刚石正四棱锥体压头压入试样表面。与布氏硬度相似,维氏硬度也是以单位压痕面积所承受的载荷作为硬度值,用符号 HV 表示,即

$$HV = \frac{F}{S} = 0.1891 \frac{F}{d^2}$$

式中,F——载荷(N);

S——压痕面积(mm^2);

d——压痕两对角线长度平均值(mm)。

图 1-11 维氏硬度计

图 1-12 维氏硬度试验原理

通过维氏硬度试验机上的放大镜,可测量出压痕表面对角线 d,测定后将已知的 F 和 d 代入上式,便可得出硬度值。实际应用中,有了 d 值后,可以查出相应的硬度值。

(3) 维氏硬度的表示方法:硬度值 HV 载荷数字/载荷保持时间(10~15s 不标注)。如 640HV30/20 表示在载荷为 294.2N(30kgf)下保持 20s 测定的维氏硬度值为 640;640HV30 表示在载荷为 294.2N 下保持 10~15s 测定的维氏硬度值为 640。

工程上常用的三种硬度测量方法及其特点见表 1-2。

表 1-2 工程上常用的三种硬度测量方法及其特点

测量方法	符号	优点及缺点	应用举例	有效值范围
布氏硬度	HBW	测量精度高、压头成本低;但不能测量太薄的试样和硬度较高的材料	铸铁、有色金属及其合金、退火或调质钢	<650HBW
洛氏硬度	HRA	测量简单、迅速,可测量薄的试样和硬的材料;但测量数据代表性不足,且不同标尺间硬度值不能直接比较	硬质合金、表面淬火钢	70HRA~85HRA
洛氏硬度	HRB		退火钢、铜合金等	25HRB~100HRB
洛氏硬度	HRC		冷硬铸铁、淬火钢	20HRC~67HRC
维氏硬度	HV	可测量薄的试样和各种硬度的材料,不同试验条件下的硬度值可以直接进行比较,但操作烦琐	表面脆硬层和化学热处理的表面层	10HV~1000HV

提示:用各种硬度法测得的硬度值不能直接进行比较,必须通过专门的硬度换算表,换算成同一硬度后,才能进行比较。材料的各种硬度之间只有近似换算关系,即 HB≈HV,100×HB≈10×HRC。

1.1.3 冲击韧性

冲击韧性是指金属在冲击载荷作用下抵抗破坏的能力。许多机械零件在工作中往往要受到冲击载荷的作用,如冲床的冲头、锻锤、活塞、飞机起落架、变速箱齿轮等,为了保证使用安全,设计选材时必须考虑材料的韧性。其衡量指标为冲击韧度,用符号 α_k 表示。

冲击韧性通常将被测金属加工成如图 1-13 所示的冲击试样,用一次摆锤弯曲冲击试验来确定,冲击试验设备如图 1-14 所示。

图 1-13　冲击试样

图 1-14　冲击试验设备

冲击试样被从一定高度落下的摆锤击断后,缺口处单位横截面面积上吸收的功,为该金属的冲击韧度值,即

$$\alpha_k = \frac{K}{S} = \frac{G(H-h)}{S}$$

式中,α_k——冲击韧性(J/cm^2);

K——冲击吸收功(J),$K = G(H-h)$;

S——试样缺口处的横截面积(cm^2);

G——摆锤重力(N);

H——摆锤初始高度(m);

h——摆锤冲断试样后上升的高度(m)。

冲击韧度值越大,表示金属的冲击韧性越好,使用时安全性越高。

实践证明,冲击试验对材料的缺陷很敏感,如金属的白点,热处理中产生的过热、过烧,回火脆性等都会在冲击试验中暴露出来。因此,冲击试验是鉴定金属质量和设计选材时不可缺少的性能依据之一。

> 提示:一般情况下,随温度的下降许多金属的冲击韧度值会随之降低。
> 在实际工作时,许多机械零件是承受小能量的($<1500J$)、多次($>10^3$次)重复的冲击载荷,如锤杆、手枪击针等,在此状况下金属的冲击抗力主要取决于金属的强度与塑性。

1.1.4 疲劳强度

弹簧、连杆、齿轮、曲轴等许多机械零件在工作过程中需承受交变载荷,在金属内部引起的应力就会随之发生周期性的波动。这种情况下,即使所受应力低于金属的屈服强度也会发生断裂,这种现象称为疲劳断裂。

> 提示：疲劳断裂，尤其是高强度金属的疲劳断裂，在断裂之前一般没有明显的塑性变形，难以检测和预防，有很大的危险性。

 拓展阅读

在第二次世界大战中，德国派出轰炸机频繁轰炸英国本土。英国皇家空军驾驶战机在空中拦截，战况惨烈。突然，在不长的一段时间内，英国战机相继坠落，机毁人亡。英国军方对坠落飞机介入调查，最初的结论认为，德国可能发明了新式武器，因为在飞机残骸上无任何弹痕，因而引起一片恐慌。但随着调查的深入，最终结论是：这些坠落的战机无一例外地是由于飞机发动机内的零件出现疲劳断裂而坠毁的。

疲劳强度是用来表示金属抵抗疲劳断裂的能力的指标，是指材料经受无数次的应力循环仍不断裂的最大应力，用符号 σ_{-1} 表示，常用对称循环(即交变应力最大值与最小值的绝对值相等)弯曲疲劳试验测试。

疲劳断裂的过程是材料裂纹形成、长大、连接和扩展的过程。机械零件表面存在的各种缺陷，如裂纹、刀痕、非金属夹杂物及截面突变处的应力集中，均易产生裂纹，成为裂纹源。机械零件内部的疏松、气泡等缺陷及某些晶粒的位向关系，使裂纹源也可以在内部产生。随交变应力循环次数的增加，裂纹不断扩大，最后导致材料断裂。如图1-15所示为轴的疲劳断口。

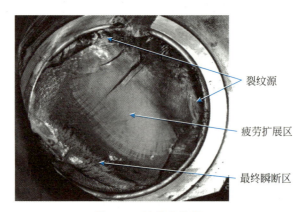

图1-15 轴的疲劳断口

为提高机械零件的疲劳强度，首先，在设计上要避免尖角、缺口和截面突变，以防应力集中而引起的疲劳裂纹；其次，对材料要采取细化晶粒和减少夹杂、疏松、气孔、表面氧化等缺陷的措施；第三，机械加工要求降低表面粗糙度，减少表面的刀痕、碰伤和划痕形成裂纹源；最后，可通过化学热处理、表面淬火、喷丸处理和涂敷表面涂层等表面强化途径，使机械零件表面产生压应力，削弱表面拉应力。

> 提示：金属的力学性能只有硬度测试不需要制作专门试样，可以在零件或工具上直接测试，测试方便、迅速。此外，硬度高的材料，耐磨性较好，强度也比较高，所测得的硬度值应用经验公式可推算出金属的其他力学性能。因此，在机械零件、工具的生产过程中，硬度是衡量金属力学性能的重要指标之一，也是满足机械零件和工具设计要求的技术条件之一，硬度测试已成为检验产品质量和确定合理的加工工艺所不可缺少的手段之一。

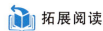 **拓展阅读**

火炮自紧身管,又称自增强身管,在制造时对其膛内施以高压,使身管由内到外局部或全部产生塑性变形。在高压去掉后,由于各层塑性变形不同,造成外层对相邻内层产生压应力,即内层受压、外层受拉,在管壁内产生了预应力,其方向与发射时膛压对管壁产生的应力方向相反,从而使发射时身管内层的实际应力减小,因而可以提高身管的强度,特别是疲劳强度。美国175mm加农炮,用普通单层身管时疲劳寿命仅400发,而采用自紧身管时疲劳寿命达2530发。由于自紧身管结构简单,强度较高,疲劳寿命长,加工工艺较简紧身管简单,因此现代高膛压大威力火炮已广泛采用自紧身管。

1.2 金属的其他性能

1.2.1 物理性能

金属在各种物理现象作用下所表现出的性能称为物理性能,是金属的固有性能,包括密度、熔点、热膨胀性、导热性、导电性和磁性等。

1. 密度

密度是物质单位体积所具有的质量,其单位是 kg/m^3。不同的材料其密度是不同的,几种常见金属材料的密度见表 1-3。

表 1-3　几种常见金属材料的密度　　　　　单位:kg/m^3

名　称	密　度	名　称	密　度
镁(Mg)	1.74×10^3	铅(Pb)	11.34×10^3
铝(Al)	2.7×10^3	金(Au)	19.32×10^3
锌(Zn)	7.13×10^3	灰铸铁	$(6.8\sim7.4)\times10^3$
锡(Sn)	7.3×10^3	白口铸铁	$(7.2\sim7.5)\times10^3$
铁(Fe)	7.87×10^3	碳钢	$(7.8\sim7.9)\times10^3$
镍(Ni)	8.9×10^3	黄铜	$(8.5\sim8.6)\times10^3$
铜(Cu)	8.96×10^3	青铜	$(7.4\sim9.2)\times10^3$
银(Ag)	10.49×10^3	铝合金	$(2.55\sim3.0)\times10^3$

金属的密度对选材有重要的意义,在设计和制造过程中,如何减少自身质量、增加承载能力,密度是重点考虑的对象。例如,飞机上的许多零件及构件都要采用密度小的铝合金或镁合金来制造。

提示:一般把密度小于 $5\times10^3kg/m^3$ 的金属称为轻金属,密度大于 $5\times10^3kg/m^3$ 的金属称为重金属。

2. 熔点

在缓慢加热的条件下,金属由固态变成液态时的温度称为熔点。不同的金属具有不同的熔点,几种金属的熔点见表 1-4。

表 1-4　几种金属的熔点　　　　　　　　　单位：℃

名　称	熔　点	名　称	熔　点
钨(W)	3380	铝(Al)	660
钼(Mo)	2625	镁(Mg)	650
钛(Ti)	1677	锌(Zn)	419
铬(Cr)	1903	铅(Pb)	327
钒(V)	1910	锡(Sn)	232
铁(Fe)	1538	灰铸铁	约1200
钴(Co)	1492	碳钢	1450～1500
锰(Mn)	1244	青铜	760～1064
铜(Cu)	1083	黄铜	865～950
金(Au)	1063	铝合金	447～575
银(Ag)	960	镁合金	590～635

熔点对于某些加工工艺有一定影响，如焊接时必须加热到金属的熔点以上才能实现，热处理工艺中加热温度的选择、锻造时锻造温度范围的选择等也应考虑金属的熔点。

3. 热膨胀性

金属随温度的升高而体积发生增大的特性称为热膨胀性。一般情况下，金属加热时体积胀大，冷却时体积缩小。各种金属的热膨胀性是不同的，一般用线胀系数或体胀系数来表示。几种常见金属的线胀系数见表 1-5。

表 1-5　几种常见金属的线胀系数

名称	线胀系数/$10^{-6} K^{-1}$	名称	线胀系数/$10^{-6} K^{-1}$
锌(Zn)	39.5	铜(Cu)	17.0
铅(Pb)	29.3	镍(Ni)	13.4
镁(Mg)	24.3	铁(Fe)	11.76
锡(Sn)	23.0	铬(Cr)	6.2
铝(Al)	23.6	钨(W)	4.6

热膨胀性是金属很重要的一个性能，在选材、加工、装配等方面都应予以重视。例如，为保证量具有高度的尺寸稳定性，制造时就应选择线胀系数小的材料；切削加工时为保证零件尺寸的准确性，必须重视由于切削热所导致的尺寸变化；等等。

4. 导热性

金属传导热量的能力称为导热性。衡量金属导热性的指标是热导率，热导率越大，导热性越好。导热性好的金属散热性也好。对于金属而言，一般来说金属越纯，其导热性越好，在金属中即使含有少量杂质时，也会显著地影响它的导热性。因此，合金钢的导热性一般都比碳钢低。

金属的导热性对热加工工艺有一定的影响,在热处理、锻造、焊接等工艺过程中,由于零件表面和内部的温度不同,而导致热胀冷缩不同,使金属内部产生极大的内应力,造成零件的变形甚至开裂。例如,因导热性不同,碳钢和高速钢在热处理时的加热速度不同;锻件和铸件在冷却时,为减少变形和开裂的倾向,必须缓慢地加热和冷却。此外,选材时导热性也是不容忽视的因素。例如,散热器、活塞等部件应选择导热性好的金属材料。

5. 导电性

金属传导电流的性能称为导电性。不同的金属其导电性也不同。衡量金属导电性的指标是电阻率,电阻率越小,导电性越好。一般来说,金属都具有较好的导电性,银的导电性最好,其次是铜、铝。导电性在发电、通信等工程中的应用很广泛,工业上也利用一些导电性差的高电阻材料制造仪表元件、电阻丝等。

6. 磁性

金属能导磁的性能称为磁性。具有磁性的金属都能被磁铁吸引。

对某些金属来说,磁性也不是固定不变的,如铁在常温下是铁磁性材料,但当温度升高到770℃以上时就会失去磁性。

金属根据其在磁场中受到磁化程度的不同,可分为铁磁性材料(如铁、钴等)、顺磁性材料(如锰、铬等)和抗磁性材料(如铜、铝等)三种,顺磁性材料和抗磁性材料也称为无磁性材料。铁磁性材料是制造电动机和通信材料以及制造仪表元件的重要材料。无磁性材料则可用于制造要求避免电磁场干扰的零件或结构。

1.2.2 化学性能

金属的化学性能是指金属在周围介质化学作用下所表现出的性能。例如,金在潮湿的空气中经久不锈,而铁却会生成红锈、铝会生成白点、铜会生成铜绿;有些金属在高温时会生成厚厚的一层氧化皮,而耐热钢却不会产生氧化皮等。金属的化学性能通常包括耐腐蚀性和抗氧化性。

1. 耐腐蚀性

金属在常温下对大气、水蒸气、酸及碱等介质腐蚀的抵抗能力称为耐腐蚀性。上述的铁生红锈、铝生白点、铜生铜绿等现象都属于金属的腐蚀现象。对金属的腐蚀现象应当引起足够的重视,在满足其他性能要求的同时,要考虑金属的抗蚀性。

2. 抗氧化性

金属在高温下对周围介质中的氧与其作用而损坏的抵抗能力称为抗氧化性。有些金属在高温下易与氧作用,表面生成氧化层。如果氧化层很致密地覆盖在金属表面,可以隔绝氧气,使金属内层不再发生氧化;但是,如果氧化皮很疏松,则将继续向金属内层氧化,金属表面将会因氧化层剥落而损坏掉,甚至使工件报废。因此,一些在高温工作的零件,如火箭、导弹、喷气机及热加工机械的零件,要采用抗氧化性好的材料来制造。

> **提示**:金属的耐腐蚀性和抗氧化性统称为金属的化学稳定性。金属在高温下的化学稳定性称为热稳定性。例如,热处理炉、工业锅炉等机械设备的零件是在高温下工作,所以制造这些零件的金属要具有良好的热稳定性。

1.2.3 工艺性能

1. 可锻性

可锻性是指金属在压力加工时,能产生塑性变形而不产生裂纹的能力。它包括在热态或冷态下能够进行锤锻、轧制、拉伸、挤压等加工的能力。可锻性的好坏主要与金属的塑性有关。塑性越好,可锻性越好。低碳钢、低碳合金钢具有良好的可锻性,而铸铁几乎不可锻压。

> 提示:金属在冷加工产生塑性变形时,对产生裂纹的抵抗能力又称为冷弯性。测定冷弯性通常是指用试验方法来检验金属承受规定弯曲程度的弯曲变形性能,检查试件弯曲部分的外面、里面和侧面是否有裂纹、裂断和分层。

2. 焊接性

金属利用焊接加工的方法实现牢固连接的能力称为焊接性。焊接性好的金属不仅在焊接接头处不易产生裂纹、气孔、夹渣等缺陷,而且还具有良好的力学性能。低碳钢和含碳量低于0.18%的合金钢具有较好的焊接性。含碳量和合金元素含量越高的金属材料,如铸铁、铜合金、铝合金等,其焊接性能越差。如图1-16所示为焊接加工图。

3. 切削加工性

切削加工性是指在一定生产条件下,金属加工的难易程度。切削加工性的好坏常用加工后工件的表面粗糙度、允许的切削速度以及刀具的磨损程度来衡量。

影响金属切削加工性的主要因素是硬度。通常硬度在170HBW~230HBW的金属材料具有良好的切削加工性。如图1-17所示为车削加工图。

图1-16 焊接加工图

图1-17 车削加工图

4. 热处理工艺性

热处理工艺性是指金属通过热处理后改变或改善性能的能力。钢是采用热处理最为广泛的金属,通过热处理,可以改善金属切削加工性能,提高力学性能,延长金属使用寿命。铸铁、铜、铝及其合金也可经过热处理改变其性能。

1.3 任务与实施

任务1 测试金属试样硬度

1. 任务内容

用布氏硬度计或洛氏硬度计测定20钢、45钢、T10钢、高速钢刀条的硬度。

2. 任务目标

（1）熟悉布氏硬度计和洛氏硬度计的基本结构和适用范围。

（2）学会用布氏硬度计或洛氏硬度计测定常用钢硬度的基本方法。

3. 任务实施器材

HB-3000 型布氏硬度计（见图 1-18）、HR-150A 型洛氏硬度计、20 钢正火试样、45 钢退火试样、T10 钢淬火试样、高速钢刀条。

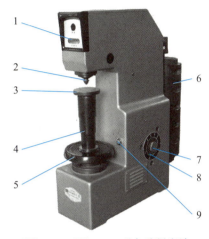

图 1-18 HB-3000 型布氏硬度计

1—指示灯；2—压头；3—工作台；4—丝杠；5—手轮；6—载荷砝码；7—紧压螺钉；8—时间定位器；9—加载按钮

4. 任务实施

1) 用 HB-3000 型布氏硬度计测试 20 钢正火试样、45 钢退火试样的硬度

（1）准备工作

① 确定测试布氏硬度时的压头直径、载荷和载荷保持时间。

压头直径、载荷和载荷保持时间按表 1-6 选取。在试样尺寸允许的情况下，尽可能地选取大直径压头。

表 1-6 布氏硬度试验规范

金属种类	硬度值范围 /HBW	试样厚度 /mm	$0.102F/D^2$	球直径 D /mm	载荷 F /kN(kgf)	载荷保持时间/s
黑色金属	140～450	6～3	30	10.0	29.42(3000)	10～15
		4～2		5.0	7.355(750)	
		<2		2.5	1.839(187.5)	
	<140	>6	10	10.0	9.807(1000)	10～15
		6～3		5.0	2.452(250)	

② 将选择好的压头擦拭干净后装入主轴衬套中，拧紧压头紧定螺钉，如图 1-19 所示。

③ 按选择好的载荷加上相应的砝码，如图 1-20 所示。

图 1-19　安装压头

图 1-20　加砝码

(2) 操作程序

① 接通电源。电源指示灯亮,证明通电正常,如图 1-21 所示。

② 将紧压螺钉拧松,把圆盘上的时间定位器(圆圈中的红色指示点)转到与载荷保持时间相符的位置上,如图 1-22 所示。

(a) 拧松紧压螺钉

(b) 调整时间定位器至所需时间

图 1-21　接通电源　　　　　　　　图 1-22　设置时间定时器

③ 将试样放在工作台上,顺时针转动手轮,使压头压向试样表面直至手轮与下面螺母产生相对运动为止。

④ 按下加载按钮,启动电动机,开始加载,如图 1-23 所示。当加载指示灯绿灯闪亮时,迅速拧紧紧压螺钉,使圆盘转动,达到所要求的持续时间后,转动即自行停止,如图 1-24 所示。

(a) 加载指示灯绿灯闪亮

(b) 迅速拧紧紧压螺钉

图 1-23　按下加载按钮　　　　图 1-24　拧紧紧压螺钉使圆盘转动计时

⑤ 逆时针转动手轮降下工作台，取下试样。

⑥ 用读数显微镜在相互垂直的两个方向上测量出压痕直径 d_1、d_2，取其算术平均值作为压痕直径 d。根据压痕直径 d 和试验规范查附录 A，得出试样的布氏硬度值，并记录于表1-7中。

表 1-7 布氏硬度测试记录表

材料	热处理	实验规范				实验结果				硬度
		$0.102F/D^2$	压头直径 D/mm	载荷 F/N(kgf)	保持时间 t/s	压痕直径 d/mm				
						d_1	d_2	平均直径 d		

提示：用读数显微镜测量压痕直径的方法如图1-25所示，将测试过的试样放置在一平面上，再将读数显微镜放置于被测试样上，使被测部分置于读数显微镜视场内，并用自然光或灯光照明。调节读数显微镜的目镜，使视场中同时看清分化板与压痕边缘图像，即可利用测量旋钮和分化板测出压痕直径。

图 1-25 用读数显微镜测量压痕直径

（3）注意事项

① 试样表面应平整，若有油污或氧化皮，可用砂纸打磨，以免影响测定。

② 压痕中心到试样边缘的距离应不小于压痕直径的 2.5 倍，相邻两压痕中心距离应不小于压痕直径的 3 倍。

2）HR-150A 型洛氏硬度计（见图1-26）测试 T10 钢淬火试样和高速钢刀条的硬度

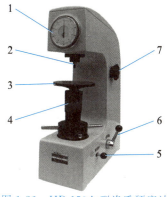

图 1-26 HR-150A 型洛氏硬度计

1—读数百分表；2—压头；3—载物台；4—升降丝杠、手轮；5—加载手柄；6—卸载手柄；7—载荷选择旋钮

(1) 准备工作

① 按表 1-8 选择压头及载荷,压头在安装之前必须清洁干净。

表 1-8　各种洛氏硬度值的符号、试验条件与应用

洛氏硬度标尺	硬度符号*	压头类型	初载荷 F_0/N	主载荷 F_1/N	总载荷 F/N	适用范围	应用举例
A	HRA	金刚石圆锥	98.07	490.3	588.4	20HRA～88HRA	硬质合金、表面渗碳、淬火钢等
B	HRB	ϕ1.5875 球	98.07	882.6	980.7	20HRB～100HRB	软钢、铝合金、铜合金、可锻铸铁等
C	HRC	金刚石圆锥	98.07	1373	1471	20HRC～70HRC	淬火钢、调质钢、合金钢等

注：* 使用钢球压头的标尺,硬度符号后面加"S";使用硬质合金球压头的标尺,硬度符号后面加"W"。

② 根据试样大小和形状选用合适的载物台并安装,常用载物台及其安装如图 1-27 所示。

（a）平面载物台

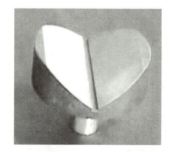
（b）V形载物台

（c）安装载物台

图 1-27　常用载物台及其安装

(2) 操作程序

① 将试样置于载物台上。

② 加初载荷。按顺时针方向转动升降机构的手轮,使试样与压头接触,并观察读数百分表上短针移动至小红点为止,如图 1-28 所示。

③ 调整读数表盘,使百分表盘上的长针对准硬度值的起点,如图 1-29 所示。如试验 HRC、HRA 硬度时把长针与表盘上黑字 C 处对准,试验 HRB 时则使长针与表盘上红字 0 处对准。

图 1-28　加初载荷使表上短针移至小红点

图 1-29　调整读数表盘使长针对准硬度值起点

④ 加主载荷。平稳地扳动加载手柄至加载位置,如图 1-30 所示。
⑤ 卸主载荷。加载 10s 后扳动卸载手柄至卸载位置,如图 1-31 所示。

图 1-30　加主载荷

图 1-31　扳回加载手柄卸载主载荷

⑥ 读出硬度值。表上长针指示的数字为硬度的读数,如图 1-32 所示。HRC、HRA 读黑色数字,HRB 读红色数字。

⑦ 下降载物台。当试样完全离开压头后,方可取下试样。

⑧ 用同样方法在试样的不同位置测三个数据,取其算术平均值为试样的硬度,并将测量数据及计算结果记录于表 1-9 中。

图 1-32　读出硬度值
（硬度为 65HRC）

(3) 注意事项

① 试样表面应平整,若有油污或氧化皮,可用砂纸打磨,以免影响测定。

② 圆柱形试样应放在带有 V 形槽的工作台上操作,以防试样滚动。

表 1-9　洛氏硬度测试记录表

材料	热处理	实验规范			实验结果				硬度
		标尺	压头	总载荷/kgf	第一次	第二次	第三次	平均值	

③ 加载时应细心操作,以免损坏压头。

④ 测完硬度值,卸掉载荷后,必须使压头完全离开试样后再取下试样。

⑤ 金刚石压头系贵重物件,质硬而脆,使用时要小心谨慎,严禁与试样或其他物体碰撞。

⑥ 应根据硬度计的使用范围,按规定合理选用不同的载荷和压头,超过使用范围,将不能获得准确的硬度值。

试一试:
用洛氏硬度计的 C 标尺测试 20 钢正火试样和 45 钢退火试样的硬度。

思考:
该测量结果是否可用? 为什么?

任务 2　识读金属常用力学性能指标

1. 任务内容
识读零件图中标示的力学性能指标。

2. 任务目标
（1）熟悉常用力学性能指标的标识方法。
（2）学会准确识读金属的常用力学性能指标。

3. 任务实施器材
含有力学性能指标要求的零件图若干。

4. 任务实施
找出下列零件图中的力学性能要求，并加以解读。
（1）图 1-33 中衬板的力学性能要求有_____，其含义是_____。
（2）图 1-34 中前车体的力学性能要求有_____，其含义是_____。

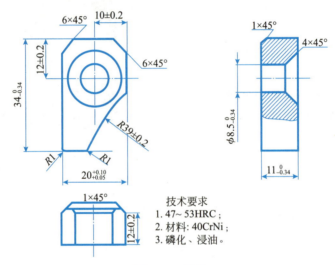

图 1-33　衬板

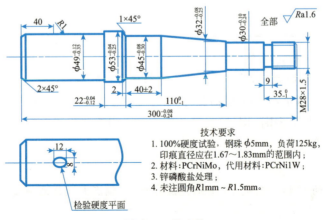

图 1-34　前车体

(3) 图 1-35 中安装螺钉的力学性能要求有________、________、________、________，其含义分别是________、________、________、________。

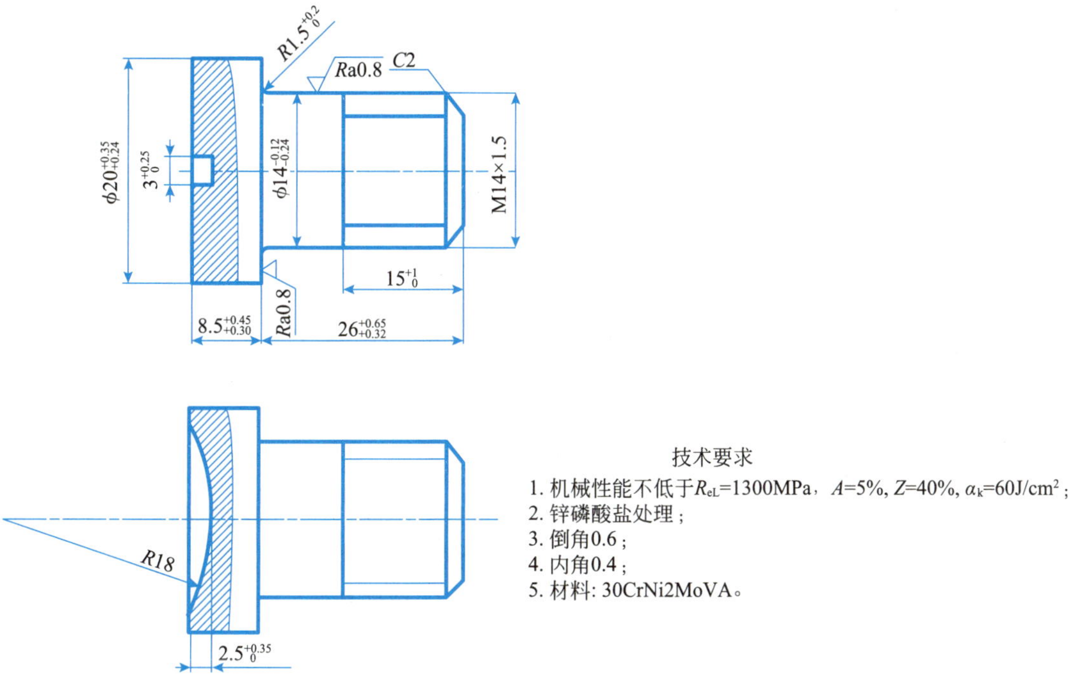
R1.5
Ra0.8
C2
φ20
3
φ14
M14×1.5
15
Ra0.8
8.5
26
R18
2.5
技术要求
1. 机械性能不低于R_{eL}=1300MPa，A=5%, Z=40%, α_k=60J/cm²；
2. 锌磷酸盐处理；
3. 倒角0.6；
4. 内角0.4；
5. 材料: 30CrNi2MoVA。

图 1-35　安装螺钉

1.4　复习思考题

1. 名词解释

力学性能　载荷　工艺性能　物理性能　化学性能　塑性　强度　断后伸长率　断面收缩率　硬度　冲击韧性　疲劳强度

2. 填空题

(1) 金属的性能通常分为________性能和________性能，其中________性能又包括力学性能、物理性能和化学性能。

(2) 金属主要的物理性能有________、________、________和________等。

(3) 金属主要的化学性能有________和________等。

(4) 金属的工艺性能主要包括________、________、________和________等。

(5) 金属的力学性能主要包括________、________、________、________和________等。

(6) 常用的强度指标有________和________等。

(7) 衡量材料塑性常用的指标有________和________。

(8) 常用的金属硬度有________、________和________。

(9) 洛氏硬度按选用的总载荷及压头类型的不同，常用的标尺有________、________、________三种。

(10) 420HBW5/750 表示用直径为________、材质为________的压头在________kgf 的

压力下保持_____秒测得的_____硬度,硬度值为_____。

(11) 60HRC 表示在_____标尺上测得的_____硬度,硬度值为_____。

(12) 填出下列力学性能指标的符号。

断面收缩率_____;洛氏硬度 A 标尺_____;洛氏硬度 C 标尺_____;屈服强度_____;抗拉强度_____;伸长率_____;疲劳强度_____;冲击韧度_____。

3. 判断题

(1) 金属的熔点及凝固点是同一温度。　　　　　　　　　　　　　　　　(　　)

(2) 1kg 钢和 1kg 铝的体积是相同的。　　　　　　　　　　　　　　　　(　　)

(3) 导热性差的金属,加热和冷却时会产生内外温度差,导致内外膨胀或收缩不同,使金属变形甚至产生开裂。　　　　　　　　　　　　　　　　　　　　　(　　)

(4) 金属的电阻率越大,导电性越好。　　　　　　　　　　　　　　　　(　　)

(5) 所有的金属都具有磁性,都能被磁铁所吸引。　　　　　　　　　　　(　　)

(6) 塑性变形能随载荷的去除而消失。　　　　　　　　　　　　　　　　(　　)

(7) 所有金属在拉伸试验时都会出现显著的屈服现象。　　　　　　　　　(　　)

(8) 当布氏硬度试验的试验条件相同时,压痕直径越小,则金属的硬度越低。(　　)

(9) 洛氏硬度值是根据压头压入被测金属的残余深度来确定的。　　　　　(　　)

(10) 小能量多次冲击抗力的大小主要取决于金属的韧性高低。　　　　　(　　)

4. 简答题

(1) 简述低碳钢拉伸变形的阶段及特点。

(2) 简述下面硬度标注是否正确。

①HBW200～230;②500HBW～600HBW;③150HRC;④HRC30～HRC45

5. 应用实践题

(1) 某拉伸试样,直径为 10mm,长度为 100mm,当载荷达到 31400N 时材料开始屈服,加载至 38400N 后载荷开始变小,拉断时载荷是 31000N,把拉断的试样连接起来长度为 130mm,断裂处最小直径为 8mm,求试样的 R_{eL}、R_m、A 及 Z。

(2) 课外调研:结合本项目学习内容,了解自己本专业装备、工具的主要制造材料、性能与使用要求的关系。

项目 2　常用金属成分的识别

项目要求

本项目介绍常用金属的牌号、常用钢的火花特征。通过对金属牌号的识读、对钢在砂轮上磨削产生的火花的观察,训练学生通过牌号识别常用金属的种类和成分,同时通过火花特征大致识别钢的成分。

知识要求:
(1) 了解金属的分类。
(2) 掌握常用金属牌号的编排方法及牌号特征。
(3) 描述常用钢的火花特征。

技能要求:
(1) 学会通过牌号辨识常用金属的种类及成分。
(2) 学会通过火花特征概略辨别常用钢的成分。

知识要点框架

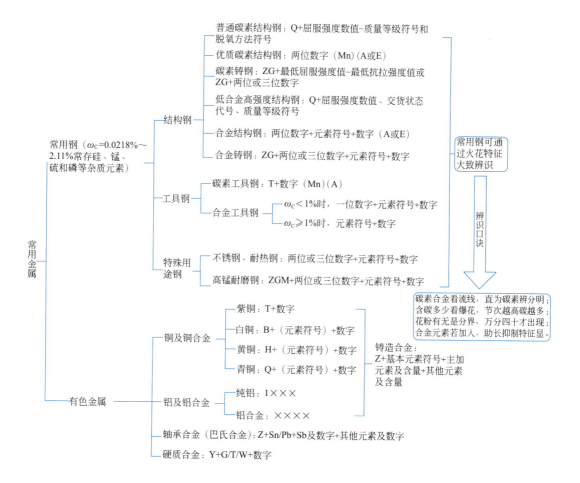

2.1 常用钢及其牌号

金属有纯金属与合金之分,纯金属是指由单一金属元素构成的具有特殊光泽、延展性、导电性、导热性的物质,如金、银、铜、铁、铝等。纯金属的力学性能比较低,为提高其性能,通常都冶炼成合金。合金是指由一种金属元素与其他金属元素或非金属元素通过熔炼或其他方法合成的具有金属特征的材料。钢铁材料就是铁与碳的合金。

金属按成分可分为黑色金属和有色金属,如图 2-1 所示。

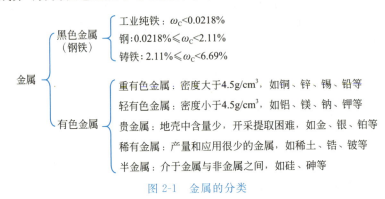

图 2-1　金属的分类

钢铁因其优越的物理性能、化学性能、力学性能和工艺性能,适应国民生产和科学技术发展的需要,一直是现代工业生产和军事技术中应用最广泛的材料。

钢铁是通过在高温下把铁从铁矿石中还原出来获得铸造生铁(硅的质量分数高达3.6%)和炼钢生铁(硅的质量分数不大于1.25%),再利用氧化剂除去或降低炼钢生铁中杂质元素而获得钢。为了改善性能,在冶炼钢时有时会有目的的加入一种或多种合金元素。

由炼钢生铁冶炼而成的钢水,先铸成钢锭,再经轧制或锻造形成不同规格的钢进行供应。由于钢水的脱氧程度不同,钢锭分为沸腾钢和镇静钢。沸腾钢是指脱氧不完全的钢水,在浇注时放出大量气体呈沸腾状。这类钢表面质量好,成本低,但成分偏析大,质量不均匀,抗腐蚀性和机械性能较差,大量用于碳的质量分数不大于 0.25% 的低碳钢。沸腾钢的钢锭剖面如图 2-2(a)所示。镇静钢是指在浇注时,加入足够的脱氧剂(如硅、铝)进行充分的脱氧,使钢水凝固时保持平静,镇静钢钢锭的剖面图如图 2-2(b)所示。脱氧程度介于沸腾钢和镇静钢之间的钢称为半镇静钢,脱氧特别好的钢称为特镇静钢。

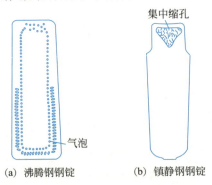

(a) 沸腾钢钢锭　　(b) 镇静钢钢锭

图 2-2　沸腾钢与镇静钢的钢锭剖面示意图

受冶炼时所用原料以及冶炼工艺等因素的影响，钢中不免有少量杂质元素（钢中凡是人为有目的的加入的元素，均为合金元素，不属于杂质元素）。钢中常存在的杂质元素主要是硅、锰、硫和磷等，它们的存在对钢的性能有一定的影响，见表2-1。

表2-1　常存在的杂质元素及其对钢的性能的影响

杂质元素	对钢的性能产生的影响
硅（Si）	硅溶于钢中，提高钢的强度、硬度、弹性、耐腐蚀性及抗氧化性，但会降低钢的塑性和韧性。硅在碳钢中的质量分数一般不超过0.40%
锰（Mn）	锰大部分溶于钢中，提高钢的强度、硬度、耐磨性及热处理性能。锰在钢中还能与硫形成化合物MnS，减少硫对钢的有害影响
硫（S）	硫在钢中与铁形成化合物FeS，使钢在热压力加工时强度、韧性下降，出现热脆。一般钢中要求硫的质量分数不超过0.035%～0.045%。但硫对改善钢的切削加工性能有利，可生产易切削钢
磷（P）	磷全部溶于钢中，提高钢的强度、硬度、耐腐蚀性和切削加工性，但使室温下钢的塑性、韧性急剧下降，出现冷脆，降低钢的焊接性。一般钢中要求磷的质量分数不超过0.045%

 拓展阅读

硫、磷的有害作用在一定条件下也可以转化，例如在含硫较高的钢（S的质量分数为0.08%～0.30%）中适当提高锰的质量分数（Mn的质量分数为0.60%～1.55%），切削时切屑易于脆断，表面粗糙度值较小，这类钢称为易切削钢，广泛用于标准件生产。在炮弹钢中加入较多的磷，可使钢中的脆性增大，炮弹爆炸时，碎片增多，杀伤力增大。此外，钢中含有适量的磷，可以提高钢在大气中的抗蚀性，特别是当钢中同时含铜时，它的作用就更加显著。

常用钢的种类很多，一般按质量、用途、化学成分等方式分类。

按成分分类 $\begin{cases} \text{非合金钢（碳素钢）：低碳钢（}\omega_C<0.25\%\text{），中碳钢（}\omega_C=0.25\%\sim0.60\%\text{），} \\ \qquad\qquad\qquad\quad\text{高碳钢（}\omega_C>0.60\%\text{）} \\ \text{低合金钢：合金元素总量}\omega_C<5\% \\ \text{合金钢} \end{cases}$

按用途分类 $\begin{cases} \text{结构钢：调质钢、弹簧钢、轴承钢、渗碳钢、武器用钢等} \\ \text{工具钢：刃具钢、量具钢、模具钢等} \\ \text{特种性能钢：不锈钢、耐热钢、耐磨钢等} \end{cases}$

按质量分类（以元素S、P含量来衡量） $\begin{cases} \text{普通钢：}\omega_P\leqslant0.035\%\sim0.045\%,\omega_S\leqslant0.035\%\sim0.050\% \\ \text{优质钢：}\omega_P、\omega_S\leqslant0.035\% \\ \text{高级优质钢：}\omega_P、\omega_S\leqslant0.025\% \\ \text{特殊质量钢：成品分析值}\omega_P、\omega_S\leqslant0.025\%,\text{熔炼分析值}\omega_P、\omega_S\leqslant0.020\% \end{cases}$

所有这些钢一般采用汉语拼音字母、化学元素符号和阿拉伯数字相结合的方法来表示其牌号；钢铁中加入的合金元素用该元素的化学元素符号表示，常用化学元素符号见表2-2；产品的名称、用途、特性和工艺方法等用它们的汉语拼音中选取的字母表示。部分钢铁产品的命名符号见表2-3。

> **提示**：一般合金元素含量低于规定界限的钢为低合金钢,但当 Cr、Cu、Mo、Ni 四种元素中有两种以上元素同时出现在钢中,若它们的质量分数总和大于规定的最高界限值总和的 70%,即使各元素质量分数低于规定的各自最高界限,此钢为合金钢,而非低合金钢。

表 2-2　常用化学元素及其符号

元素名称	符号	元素名称	符号	元素名称	符号	元素名称	符号
铁	Fe	锂	Li	硼	B	钴	Co
锰	Mn	铍	Be	磷	P	钽	Ta
铬	Cr	镁	Mg	硫	S	铯	Cs
镍	Ni	钙	Ca	碳	C	镧	La
铝	Al	锡	Sn	硅	Si	铈	Ce
铜	Cu	铅	Pb	硒	Se	氮	N
钨	W	锆	Zr	碲	Te	氧	O
钼	Mo	铌	Nb	砷	As	氢	H
钒	V	铋	Bi	钛	Ti	混合稀土	RE

表 2-3　部分钢铁产品的命名

产品名称	代号	代号位置	产品名称	代号	代号位置
碳素结构钢(屈服强度)	Q	Q×××	深冲用钢	S	S××
低合金高强度结构钢	Q	Q×××	覆铜热轧扁钢	F	F××
沸腾钢	F	××F	易切削钢	Y	Y××
半镇静钢	b	××b	滚动轴承钢	G	G××
镇静钢	Z	××Z	锅炉用钢(管)	G	××G
特镇静钢	TZ	××TZ	锅炉和压力容器用钢	R	××R
高级钢	A	××A	低温压力容器用钢	DR	××DR
铸钢	ZG	ZG××	耐候钢	NH	××NH
焊接用钢	H	H×××	高耐候钢	GNH	××GNH
焊接气瓶用钢	HP	HP×××	炼钢用生铁	L	L××
保证淬透性钢	H	××H	铸造用生铁	Z	Z××
汽车大梁用钢	L	××L	球墨铸铁用生铁	Q	Q××
桥梁用钢	Q	××Q	耐磨生铁	NM	NM××
热轧光圆钢筋	HPB	HPB×××	含钒生铁	F	F××
热轧带肋钢筋	HRB	HRB×××	冷轧带肋钢筋	CRB	CRB×××

1. 结构钢的牌号、性能和用途

结构钢主要以碳素结构钢、合金结构钢、低合金高强度结构钢等进行牌号编排,牌号的具体编排方法、钢的性能和用途见表 2-4。

表2-4 常用结构钢牌号的编排方法、性能特点及用途

结构钢种类		牌号编排方法	牌 号 含 义	性能特点及用途	实物图片
碳素结构钢	普通碳素结构钢	Q+屈服强度值+质量等级符号和脱氧方法符号	Q代表屈服点；质量等级分为A、B、C、D，依次逐级升高；脱氧方法分为F、Z、TZ，依次表示沸腾钢、镇静钢、特殊镇静钢，在牌号中Z和TZ通常可以省略。例如，Q235AF表示屈服强度不小于235MPa的A级沸腾普通碳素结构钢	含有害杂质（S、P等）和非金属夹杂物较多，价格便宜，产量大，在建筑、交通、运输等方面大量用于制造要求不高的机械零件、型材和结构件，通常在供应状态下直接使用	链轮
	优质碳素结构钢	两位数字（Mn）（A或E）	两位数数字代表钢的平均含碳量的万分数。牌号后加符号A为高级优质碳素结构钢，牌号后加符号"E"为特级优质碳素结构钢。例如，45A表示平均含碳量（质量分数）为0.45%的高级优质碳素结构钢。钢号尾部标"Mn"表示钢中锰含量为0.7%~1.2%，如65Mn	含有害杂质元素S、P量较少，质量优良，与相同含碳量的普通碳素结构钢相比，其力学性能、工艺性能、使用性能都要好，常用于制造各种重要的机器零件	连杆
	碳素铸钢	ZG+最低屈服强度值+最低抗拉强度值	ZG表示碳素铸钢，数字表示屈服强度不小于270MPa，抗拉强度值不小于500MPa的碳素铸钢。焊接结构用铸钢，铸钢代号用ZGH，如ZGH230-450	铸造性能好，韧性、强度高，适用于形状复杂且韧性、强度要求较高的零件	节流阀
		ZG+两位或三位数字	ZG表示碳素铸钢，数字表示碳含量（以万分之几计）。例如，ZG45表示平均含碳量（质量分数）为0.45%的碳素铸钢		

续表

结构钢种类		牌号编排方法	牌号含义	性能特点及用途	实物图片
低合金高强度结构钢		Q+屈服强度值、质量等级符号、交货状态代号	Q代表屈服点；质量等级分为B、C、D、E、F，依次逐级升高；交货状态代号AR或WAR为热轧，可省略。例如，Q355ND表示屈服强度不小于355MPa正火轧制的D级低合金高强度结构钢。符号N表示为正火或正火轧制状态，M表示为热机械轧制状态。	强度高、塑性、韧性好，具有良好的焊接性和冷成形性、韧脆转变温度低、耐大气腐蚀性好，一般在热轧、空冷状态下使用，不需专门的热处理。常用于桥梁、船舶、车辆、压力容器等	液化石油气罐
合金结构钢	合金结构钢	两位数字+元素符号+数字（A或E）	前面的两位数字代表钢中平均含碳量的万分数。元素符号表示钢中所含的百分数（四舍五入取整，元素符号后数字表示该元素平均含量，为1时不标）。例如，60Si2Mn表示平均含碳量为0.6%，平均含硅量为2%，平均含锰量为1%的合金结构钢。符号A表示为高级优质钢，符号E表示为特级优质钢	合金结构钢的质量等级均在优质以上，与相同含碳量的碳素结构钢比较，其性能更优，是目前市场上品种最多、用途最广、用量最大的钢材。常用于制造各种工程结构件和机器零件	齿轮
	合金铸钢	ZG+两位或三位数字+元素符号+数字	ZG表示碳素铸钢，数字表示铸钢的名义碳含量（以万分之几计），元素符号后的数字表示该元素平均含量（四舍五入取整，为1时不标）。例如，ZG15Cr2MoV表示碳的名义含量为0.15%，平均含铬量为2%，钼和钒的平均含量均小于1.50%的合金铸钢		

2. 工具钢的牌号、性能和用途

工具钢主要以碳素工具钢、合金工具钢进行牌号编排,牌号的具体编排方法、钢的性能和用途见表2-5。

> **提示**:优质碳素结构钢的脱氧符号与普通碳素结构钢相同,如05F、08F。
> 合金结构钢的质量等级均在优质以上,没有普通质量等级的。

低合金高强度结构钢与普通碳素结构钢的牌号表示均为"Q+屈服强度值",但低合金高强度结构钢强度高,一般屈服强度在300Mpa以上,高于普通碳素结构钢的强度,故从牌号中的屈服强度值可以区分。例如,在GB/T 1591—2018中低合金高强度结构钢常用的牌号有Q355、Q390、Q420、Q460、Q500、Q550、Q620、Q690等,而在GB/T 700—2006中普通碳素结构钢的牌号为Q195、Q215、Q235、Q275等。

结构钢中的易切削钢牌号表示为"Y+两位数字+易切削元素符号",如Y45Ca、Y45Mn。含钙、铅、锡等易切削元素的易切削钢分别以Ca、Pb、Sn表示。加硫和加硫磷易切削钢,通常不加易切削元素符号S、P,对较高硫含量的易切削钢,在牌号尾部加硫元素符号,如Y45MnS。

合金结构钢中的滚动轴承钢主要用于制造各种滚动轴承的内外圈及滚动体,也可用于制造各种工具和耐磨零件,如图2-3所示。其中应用比较广泛的轴承钢是高碳铬轴承钢,含碳量一般为0.95%~1.15%,含铬量为0.40%~1.65%,牌号表示为"G+Cr+数字+其他元素符号+数字",Cr后面的数字表示钢中平均铬含量的千分数,其余规定与一般合金结构钢牌号相同。例如,GCr15表示的是平均含碳量为0.95%~1.15%、平均含铬量为1.5%的滚动轴承钢。常用的牌号有G8Cr15、GCr15、GCr15SiMn、GCr15SiMo、GCr18SiMo等。

图2-3 滚动轴承钢

拓展阅读

钢铁及合金牌号统一数字代号体系(GB/T 17616—2013)。

钢铁及合金牌号统一数字代号体系,简称"ISC",它规定了钢铁及合金产品统一数字代号的编制原则、结构、分类、管理及体系表等内容。

统一数字代号由固定的六个符号组成,如L03451。左边第一位用大写的拉丁字母作为前缀(一般不使用字母I和O),后接五位阿拉伯数字,如A×××××表示合金结构钢,B×××××表示轴承钢,L×××××表示低合金钢,S×××××表示不锈钢和耐热钢,T×××××表示工具钢,U×××××表示非合金钢。每一个统一数字代号只适用于一个产品牌号;相应地每一个产品牌号只对应一个统一数字代号。当产品牌号取消后,一般情况下,原对应的统一数学代号不再分配给另一个产品牌号。

表 2-5 常用工具钢牌号的编排方法、性能特点及用途

工具钢种类	牌号编排方法	牌号含义	性能特点及用途	实物图片
碳素工具钢（$\omega_C=0.65\%\sim1.35\%$）	T+数字(Mn)(A)	T表示碳素工具钢，数字表示钢中平均含碳量的千分数；符号Mn、A含义同优质碳素结构钢。例如，T8表示平均含碳量为0.8%的优质碳素工具钢；T12A表示平均含碳量为1.2%的高级优质碳素工具钢	经过热处理后能获得较高的硬度和好的耐磨性，能满足一般工具性能要求。要用于尺寸较小、形状简单的低速切削刀具及性能要求不高的模具和量具。使用前必须经过热处理	手锯
低合金工具钢 $\omega_C<1\%$	一位数字+元素符号+数字	一位数字表示钢中平均含碳量的千分数，元素符号及数字的表示方法与合金结构钢相同。低铬含量（平均含量小于1%）合金工具钢，在铬含量（以千分之几计）前加数字0。例如，9Mn2V表示平均含碳量为0.9%，平均含锰量为2%，平均含钒量小于1.5%的合金工具钢	经过热处理后能获得高硬度、高耐磨性、足够的强度和韧性，其中的高合金工具钢还具有高热硬性或高强度，性能要求较高的各种刀具、模具和量具	板牙
低合金工具钢 $\omega_C\geq1\%$	元素符号+数字	无表示含碳量的数字，元素符号及数字的表示方法与合金结构钢相同。例如，Cr12MoV表示平均含铬量≥1%的合金工具钢，钼和钒的平均含量均为1%的合金工具钢；Cr06表示平均含铬量≥1%，平均含铬量为0.6%的合金工具钢		铣刀
高速工具钢（$\omega_C=0.70\%\sim1.65\%$）	元素符号+数字	无表示含碳量的数字，元素符号及合金成分相同。当合金元素含量不同时，仅表示高速高碳C表示高碳高速工具钢。例如，W6Mo5Cr4V2和CW6Mo5Cr4V2，前者含碳量为0.80%~0.90%，后者含碳量为0.95%~1.05%	经过淬火和两次或三次550~570℃的回火处理后，能获得高的红硬性、高的耐磨性，足够的强度。主要用于制造切削速度较高的刀具（如车刀、铣刀、钻头等），以及形状复杂、载荷较高的成形刀具（如拉刀、齿轮铣刀等）	中心钻

📖 拓展阅读

高速工具钢的成分特点是含碳量较高,平均含碳量在 0.7%~1.65%,含有大量的钨、钒、钼、铬等元素,具有高硬度、高耐磨性及好的红硬性,硬度可达 63HRC~66HRC,当切削温度高于 600℃时,其硬度仍无明显下降。常见高速工具钢如图 2-4 所示。

图 2-4　常见高速工具钢

常用的高速工具钢按化学成分分类,有钨系高速工具钢和钨钼系高速工具钢两类,除 W18Cr4V(常简写成 18-4-1)和 W12Cr4V5Co5 为钨系高速工具钢外,其余全部为钨钼系高速工具钢。常用的高速工具钢按性能分类,有低合金高速工具钢、普通高速工具钢和高性能高速工具钢三类,分别用 HSS-L、HSS、HSS-E 表示,常在产品上直接标示。

3. 特种性能钢的牌号、性能和用途

具有特殊的物理性能和化学性能的钢称为特种性能钢。特种性能钢的种类很多,机械制造行业主要使用的有不锈钢、耐热钢和耐磨钢。常用特种性能钢牌号的具体编排方法、性能和用途见表 2-6。

📖 拓展阅读

在实际工程中,不锈钢还大量采用美国标准牌号,如 304、316L 等。不锈钢的美国牌号主要采用 AISI(美国钢铁学会标准)的编号系统,牌号由 3 位阿拉伯数字组成,第一位数表示不锈钢的类别,具体规定为:2-Cr-Mn-Ni-N 奥氏体型不锈钢,3-Cr-Ni 奥氏体型不锈钢,4-高铬马氏体型不锈钢和铁素体型不锈钢,5-低铬马氏体型不锈钢,6-沉淀硬化型不锈钢。第二、三位数表示顺序号。如为超低碳不锈钢,则在牌号尾加"L"表示。例如,工程中广泛应用的 304 不锈钢,即为按 AISI 编号的奥氏体不锈钢,相当于我国常用的 18-8 型不锈钢 06Cr19Ni10。

高锰耐磨钢的水韧处理是指将钢加热至奥氏体区温度(1050~1100℃),并保温一段时间,使铸态组织中的碳化物基本上都固溶到奥氏体中,然后在水中进行淬火,从而得到单一的奥氏体组织,在受到巨大压力和强烈冲击载荷作用时表面硬度会显著提高。

2.2　常用钢的火花特征

常用钢除了可以通过牌号识别其成分,还可以通过观察火花特征概略地识别其成分。用砂轮磨削钢会产生火花(见图 2-5),依据火花的特征来概略地识别钢称为钢的火花识别。有丰富经验的人,可区分出含碳量差别在 0.05% 的碳钢。经严格训练与坚持一段时间练习的人识别含碳量差别在 0.1% 的碳钢是可行的,所以在工厂、车间、料场等场所常用这种方法概略地区分混料。

表2-6 常用特种性能钢牌号的编排方法、性能特点及用途

特种性能钢种类		牌号编排方法	牌号含义	性能特点及用途	实物图片
不锈钢	只规定碳的质量分数上限的不锈钢	两位数字或三位数字+元素符号+数字	碳的质量分数的上限不大于0.10%时，两位数字表示钢中含碳量的万分数，且上限为3/4，如上限为0.08%，则含碳量的表示方法与合金钢相同。例06Cr19Ni10表示碳的质量分数不大于0.08%、平均含铬的质量分数为19%、含镍的质量分数为10%的不锈钢	在空气、水、盐水溶液、酸及其他腐蚀性介质中具有高度化学稳定性。随着钢中含碳量的增加，其强度、硬度和耐磨性相应提高，但耐腐蚀性下降。大多数不锈钢的含碳量都较低，不锈钢中的基本合金元素是铬，且含量不低于13%。广泛应用于在强腐蚀性介质中工作的化工设备、医疗器械、量具、轴承、餐厨具等	不锈钢管 不锈钢轴承 不锈钢罐
	规定碳的质量分数上、下限的不锈钢	三位数字+元素符号+数字	碳的质量分数的上限大于0.10%时，两位数字表示钢中含碳量的万分数，且上限为4/5，如上限为0.20%，则含碳量的表示方法与合金钢相同。例如，12Cr18Ni9表示碳的质量分数不大于0.15%、平均含铬的质量分数为18%、含镍的质量分数为9%的不锈钢		
			两位数字表示钢中碳平均含量的万分数，元素符号及数字的表示方法与合金钢相同。例如，20Cr13表示钢中含碳量为0.16%~0.25%、平均含铬的质量分数为13%的不锈钢		
	超低碳不锈钢（$\omega_c \leqslant 0.030\%$）	三位数字+元素符号+数字	三位数字表示钢中碳的质量分数的最佳控制值的十万分数，元素符号及数字的表示方法与合金钢相同。例如，008Cr30Mo2表示碳的质量分数上限为0.010%、平均含铬的质量分数为30%、含钼的质量分数为2%的不锈钢		

续表

特种性能钢种类	牌号编排方法	牌号含义	性能特点及用途	实物图片
耐热钢	同不锈钢	同不锈钢	在高温下具有良好的化学稳定性或较高强度,即在高温下适应高温条件,能较好地抗氧化和腐蚀能力,或在高温下仍具有足够的力学性能	排气阀
高锰耐磨钢	ZGM＋两位或三位数字＋元素符号＋数字	"ZG"表示铸钢,"M"表示耐磨,"两位或三位数字"表示钢中碳的万分数,元素符号及数字表示方法与合金钢相同。例如,ZGM120Mn13表示钢中平均含碳的质量分数为1.2%,平均含锰的质量分数为13%的高锰耐磨钢	高碳、高锰、水韧处理后可获得高韧性。在巨大压力和强烈冲击载荷作用下表面硬度显著提高,获得很高的耐磨性,其心部仍保持良好的塑性和韧性。在一般工作条件下使用时并不耐磨。主要应用于巨大压力和强烈冲击载荷作用下工作的零件,如工程车辆的履带、防弹钢板、挖掘机铲斗的斗齿等,因切削加工困难,大多采用铸造成形	履带 铲斗齿

图 2-5　用砂轮磨削钢及产生的火花

1. 火花产生原因

为什么钢在砂轮上研磨时会产生火花,而其他材料如塑料、木材等就没有呢?这是因为钢用一定的压力在高速砂轮上磨削时,会产生许多非常细小的颗粒,这些颗粒的温度很高,并沿着砂轮的切线方向快速地向前抛射,同时这些具有高温的颗粒与空气中的氧发生激烈的氧化反应,使温度急剧升高而达到熔融状态。这些颗粒在空气中运行的轨迹,即我们所看到的一条条亮的线,称为流线;由许多颗粒所形成的流线束称为火束。

火束在空气中又是怎样形成火花的呢?这是因为急剧的氧化反应,使颗粒的表面形成一层固态的 FeO 薄膜(即 $2Fe+O_2=2FeO$)。而钢中所含碳元素在高温下极容易与氧结合生成 CO(即 $2C+O_2=2CO\uparrow$);同时,FeO 与 C 发生反应($FeO+C=Fe+CO\uparrow$)而被还原成 Fe,被还原的铁又被氧化,然后再次被还原。这些反应的多次重复,使颗粒内部被积压的 CO 就会打破表面 FeO 薄膜的约束,使钢粒粉碎而溢出,呈现出爆花状,称为爆花(也称节花)。

第一次钢粒爆裂出的更细的钢粒中如果仍然残留着未参加反应的铁和碳,将继续发生氧化反应并再次发生爆裂,这样就形成了二次爆花,所以爆花的数量和次数与含碳量密切相关。钢中含碳量越高,火花爆裂次数和爆花量越多,且爆裂间距越短,同时还有许多颗粒状物产生,这些颗粒状物被称为花粉。

2. 火花各部分名称

1) 火束

钢与砂轮相接触磨出的全部火花称为火束。整个火束可细分为根部火花、中部火花和尾部火花,如图 2-6 所示。根部火花是观察流线形式和颜色的主要部位;中部火花是爆花最密集的地方,也是显示含碳量多少的主要部位;尾部火花是显示某些合金元素的主要部位。

2) 绕轮花

围绕砂轮转动的火花称为绕轮花,如图 2-6 所示。它是识别某些钢的重要依据。

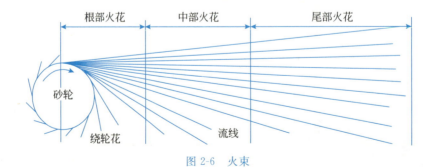

图 2-6　火束

3) 流线

火花中的明亮线条称为流线。由于钢的成分不同,流线有三种形式:直线流线、断续流线和波状流线,如图 2-7 所示。直线流线呈直线和近似直线,是碳钢火花流线的主要形式;断续流线及波状流线多存在于某些合金钢中。

4) 爆花

流线上出现的粗大亮点称为节点,以节点为核心,钢屑爆裂成花的形式称为爆花,如图 2-8 所示。组成爆花的细线条称为芒线;由于钢屑爆裂而分布于芒线四周的细亮点称为花粉。一般含碳量在 0.4% 左右的钢才出现明显的花粉,并随含碳量的增加而增多。钢的含碳量不同,爆花的形式也不同,通常爆花有以下三种类型。

图 2-7 流线　　　　　　图 2-8 爆花

(1) 一次花

只产生一次爆裂所呈现的爆花称为一次花,如图 2-9 所示。一次花的花角(芒线张开角)较小,花形简单,有二叉、三叉和多叉爆裂,是低碳钢的火花特征。随含碳量的增多,爆花的分叉增加,花角增大。

图 2-9 一次花

(2) 二次花

在一次花的芒线上又一次发生爆裂所呈现的爆花称为二次花,如图 2-10 所示。随含碳量的增多又分为三叉、四叉和多叉几种,是中碳钢的火花特征。

图 2-10 二次花

(3) 三次花与多次花

在二次花的芒线上再一次(或数次)爆裂所呈现的极为细小而复杂的火花称为三次花或多次花,如图 2-11 所示。含碳量越高,爆花次数越多。

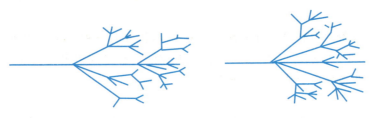

(a) 四根分叉, 含碳0.4%　　　(b) 多根分叉, 含碳0.5%

图 2-11　三次花与多次花

5) 复花

一根流线上重复出现的爆花称为复花, 如图 2-12 所示。含碳量越高, 复花越多。

图 2-12　复花

3. 碳素钢的火花特征

碳素钢的成分不同, 其火花特征也多种多样, 如爆花的多少, 花形大小, 流线的长短、粗细、颜色的变化, 有无花粉与复花, 等等。此外, 实际磨削的火花是在快速运动中一闪即逝, 这些都增加了通过火花识别钢的难度。但是, 火花变化也是有规律的, 碳素钢火花的变化规律可用表 2-7 表示。

表 2-7　碳素钢火花的变化规律

含碳量/%	流线					爆花				磨削感觉
	颜色	明暗	长短	粗细	数量	形状	大小	花粉	数量	
0.05	橙红	暗	长	粗	少	一次花	小	无	少	软
0.1	｜	｜	｜	｜	｜	｜	｜	｜	｜	｜
0.2	｜	｜	｜	｜	｜	二次花	｜	｜	｜	｜
0.3	｜	｜	｜	｜	｜	｜	｜	｜	｜	｜
0.4	｜	｜	｜	｜	｜	｜	大	微量	｜	｜
0.5	黄	明亮	长	粗	｜	｜	｜	｜	｜	｜
0.6	｜	｜	｜	｜	｜	三次花	｜	｜	｜	｜
0.7	｜	｜	｜	｜	｜	｜	｜	｜	｜	｜
0.8	｜	｜	｜	｜	｜	｜	｜	｜	｜	｜
大于0.9	红色	暗	短	细	多	多次花	小	多	多	硬

从以上规律可以看出低、中、高碳钢的火花特征如下。

1) 低碳钢

颜色亮红, 爆花稀少, 基本上全部是一次花, 当含碳量接近于 0.25% 时偶尔出现二次花。花形较小, 流线较少、较粗、较长, 尾部下垂, 有时有像枪尖一样的尾花 (叫枪尖花)。随含碳量的增加, 爆花数量和爆花分叉增多, 花形增大, 流线渐多、渐粗、渐长、渐亮。如图 2-13、图 2-14 所示为 10 钢、20 钢的火花示意图。

图2-13 10钢火花示意图

图2-14 20钢火花示意图

含碳量较低的钢有一些是沸腾钢,沸腾钢的火花最突出的特点是在流线上无明显节点,爆花呈毛状,如图2-15所示。

2) 40钢以下的中碳钢

爆花少,主要为二次花,花型较大,流线较少、较粗、较长,尾部开始挺直,颜色亮黄带红。随含碳量的增加,流线渐多、渐粗、渐亮、爆花数量增多,花形增大。含碳量接近0.4%时,开始出现花粉及偶有三次花。如图2-16、图2-17所示为30钢、40钢的火花示意图。

图2-15 沸腾钢火花示意图

图2-16 30钢火花示意图

3) 45钢以上的中碳钢

爆花较大、较多,二次及少量三次花,有少量花粉及复花,流线较多、较粗、较长,尾部挺直,颜色亮黄。含碳量增加,花量增多,花形增大,花粉增多,流线更多、渐细、更亮。如图2-18所示为50钢火花示意图。

图2-17 40钢火花示意图

图2-18 50钢火花示意图

4) 高碳钢

爆花很多、很密、很碎,三次花与多次花有大量花粉,流线多、密、细,尾部挺直。含碳量越高,爆花越多、越细,花粉越多,流线越细、越短,颜色由明亮转暗红。如图2-19、图2-20所示为T7钢、T10钢火花示意图。

图2-19 T7钢火花示意图

图2-20 T10钢火花示意图

为便于记忆,将上面介绍的低、中、高碳钢火花特征归纳于表 2-8 中。

表 2-8 低、中、高碳钢火花特征

含 碳 量	爆 花	花形	流 线	花粉、复花
低碳钢	稀少、一次花	较小	较少、较长	无
40 钢以下的中碳钢	较少、一次花或二次花	较大	较少、较长	极少
45 钢以上的中碳钢	较多、二次花、少量三次花	大	较多、细长	较少
高碳钢	很多、三次花或多次花	碎	多、密、短	较多

4. 合金钢的火花特征

合金钢的火花识别是建立在碳钢火花基础之上的,但由于合金元素的加入,使火花出现了不同的特征。合金钢火花与碳钢火花相比主要有两点不同:一是合金元素会助长或抑制碳的爆花;二是形成特殊的流线、爆花或尾花。

常用合金元素的火花特征如下。

1) 镍

镍对爆裂有抑制作用,会出现断续与波浪状流线,使爆花缩小,当含镍多时,爆花几乎完全消失,在流线的根部、中部和尾部出现明亮闪目的苞花,如图 2-21 所示。

2) 铬

铬含量低($\omega_{Cr}=0.8\%\sim2.0\%$)时助长爆裂,使爆花变大、增多;在流线的中部、尾部出现形似菊花的爆花称为菊星花,如图 2-22 所示,其火束颜色呈白亮色。例如,40Cr 钢与 40 钢相比,40Cr 钢的流线较长,爆花较大、较多,火束较明亮。40Cr 钢火花如图 2-23 所示。但是铬含量多时($\omega_{Cr}=8\%\sim16\%$)则抑制爆花。

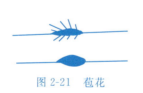

图 2-21 苞花

图 2-22 菊星花

3) 锰

锰助长火花爆裂,成为多根分叉的三次花,花粉很多,流线较粗,芒线细长;于火束的中部及尾部形成白亮色星形花称为大星花,如图 2-24 所示。大星花与铬的菊星花相似,但锰的爆花较多,芒线细长,花束根部较黄,尾部较挺直。

图 2-23 40Cr 钢火花

图 2-24 大星花

4) 硅

硅抑制爆裂,在流线尾部、中部有显著的喇叭状白色亮点,称为喇叭花(见图2-25)。流线、芒线短,根部呈暗红色,其余部分呈橙红色。$\omega_{Si}=3\%\sim5\%$时,流线上有钩状尾花,如图2-26所示。如图2-27所示为60Si2Mn的火花示意图。

图2-25　喇叭花　　　　　　　　图2-26　钩状尾花

5) 钼

钼抑制火花爆裂,在流线尾部出现枪尖状火花称为枪尖花,如图2-28所示。

图2-27　60Si2Mn火花示意图　　　　　图2-28　枪尖花

6) 钨

钨抑制爆裂,使流线变细、变稀,有较多的波状、断续流线。$\omega_W=1\%\sim2\%$时尾部逐渐膨胀,形似狐尾称为狐尾花,如图2-29所示。钨含量多时狐尾花消失,火束呈暗红色。

高速钢含钨量较多,火花特征是有较多的波状、断续流线,绕轮花较多,爆花很少,有时有狐尾花,火束暗红,磨时手感很硬。W18Cr4V钢火花也为狐尾花,如图2-29所示。

在识别高速钢时必须注意与铸铁相区别。铸铁的流线很短、较细,无波状流线,绕轮花极少,流线尾部有较多爆花,如图2-30所示为铸铁火花示意图。

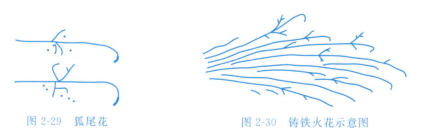

图2-29　狐尾花　　　　　　　　图2-30　铸铁火花示意图

2.3　常用有色金属及其牌号

有色金属的品种繁多,下面对常用的铝及铝合金、铜及铜合金、轴承合金、硬质合金等作简单介绍。

1. 铝及铝合金

1) 纯铝

铝是地壳中储量最多的一种金属元素,工业用纯铝呈银白色,熔点为660℃。

(1) 纯铝的特性

① 密度较小。纯铝的密度约为 $2.7g/cm^3$,仅为铁的 $1/3$。

② 导电、导热性能好。铝仅次于金、银、铜,在室温下,铝的电导率约为铜的 62%,导热性能好于铁而次于铜。

③ 强度、硬度低,塑性好。铝的抗拉强度为 80MPa~100MPa,硬度为 20HBW~35HBW,断面收缩率为 80%,可进行冷热压力加工。

④ 抗大气腐蚀性好。铝在空气中表面因形成致密的 Al_2O_3 保护膜而抗腐蚀,但在酸、碱、盐介质中则不抗腐蚀。

⑤ 可强化。通过添加合金元素和热处理可获得不同程度的强化,其最佳者的比强度(强度与密度之比)可与优质合金钢媲美。

⑥ 无低温脆性,无磁性,无火花,且反射光和热的能力强,耐核辐射等。

因此,纯铝可替代贵重的铜合金制作导电体、电缆、电线,可配制各种铝合金以及要求质轻、导热或耐大气腐蚀但强度要求不高的器具。由于强度较低,通常不作为结构材料使用。

(2) 纯铝的牌号

纯铝是采用四位字符"1×××"编排牌号的,第二位用字母表示,若字母为 A,则表示为原始纯铝,若为其他字母,则表示为原始纯铝的改型;牌号中的最后两位是用数字表示最低铝质量百分数乘以 100 后小数点后面两位数字。例如,牌号 1A30 表示 $\omega_{Al}=99.30\%$ 的原始纯铝。常用牌号有 1A50、1A30、1A97、1A93、1A90、1A85 等。

提示:工业上使用的纯铝按纯度可分为工业纯铝($99\%<\omega_{Al}<99.85\%$)和工业高纯铝($\omega_{Al}\geqslant 99.85\%$)两类。

2) 铝合金

纯铝的强度很低,在加入适量的硅、铜、镁、锌等合金元素后,可配制成铝合金。许多铝合金可通过冷变形加工硬化或热处理来提高强度,强度可达 500MPa~600MPa,且具有较好的加工性。

铝合金按其成分及工艺特点,可分为变形铝合金和铸造铝合金两大类。常用变形铝合金和铸造铝合金的牌号、性能特点及用途见表 2-9 和表 2-10。

提示:变形铝合金其牌号用四位字符体系表示,牌号的第一、三、四位为数字,第二位为字母。第一位数字是依主要合金元素铜、锰、硅、镁、Mg_2Si、锌的顺序分别用 2、3、4、5、6、7 来表示变形铝合金的组别。第二位的字母表示铝合金的改型情况,"A"表示原型,其他字母表示改型。例如,2A×× 表示以铜为主要合金元素的原型变形铝合金;最后两位数字表示同一组别中的不同铝合金。

淬火后的铝合金只有在室温下停留相当长的时间或在低温加热并保温一段时间后,其强度、硬度才会显著提高,塑性下降。这种淬火后铝合金的强度和硬度随时间的延长而显著升高的现象,称为"时效强化"或"时效硬化"。在室温下所进行的时效称为自然时效,在加热条件下进行的时效称为人工时效。人工时效比自然时效的时效速度快,但是时效温度越高,其强化效果越差。

表 2-9 常用变形铝合金牌号、性能特点及用途

类别	牌号	旧代号	合金系	性能特点	用途举例	实物图片
防锈铝	5A02	LF2	Al-Mn	耐腐蚀性强,塑性和焊接性能良好,但强度不高	用于制造在液体中工作的承受中等载荷的焊接件、冷冲压件和容器、骨架零件等	铝冲压件
防锈铝	3A21	LF21	Al-Mg		用于制造可塑性和焊接性要求较高、在液体或气体介质中工作的低载荷零件,如油箱、油管、液体容器、饮料罐等	易拉罐
硬铝	2A01	LY1	Al-Cu-Mg	与防锈铝相比,强度、硬度较高,但耐腐蚀性下降	用于制造工作温度小于100℃的中等强度的结构用铆钉,主要的铆接材料	铝铆钉
硬铝	2A11	LY11	Al-Cu-Mg		用于制造承受中等载荷的零件或构件,如空气螺旋桨叶片等;局部镦粗的零件如螺栓、铆钉等	铝叶片
硬铝	2A12	LY12	Al-Cu-Mg		用于制造承受较高载荷的零件或构件(不包括冲压件和锻件),如飞机的骨架零件、蒙皮、翼梁、铆钉等在150℃以下温度环境中工作的零件	翼梁
超硬铝	7A03	LC3	Al-Cu-Mg-Zn	强度高于硬铝,但耐腐蚀性较差,常用包铝法(在合金表面包一层纯铝)来提高其耐腐蚀性	用作承力结构铆钉,工作温度在125℃以下,可作2A10铆钉合金代用品	结构铆钉
超硬铝	7A04	LC4	Al-Cu-Mg-Zn		用于制造主要承力结构件,如飞机上的大梁、桁条、加强框、蒙皮、翼肋、接头、起落架等	
超硬铝	7A09	LC9	Al-Cu-Mg-Zn		制造飞机蒙皮等结构件和主要受力零件	飞机起落架

续表

类别	牌号	旧代号	合金系	性能特点	用途举例	实物图片
锻铝	2A50	LD5	Al-Mg-Si-Cu	热塑性较好,适于锻造加工;强度等力学性能与硬铝相近,耐热性较好	用于制造要求中等强度且形状复杂的锻件	铝叶轮
	2A70	LD7			用于制造高温环境下工作的锻件(如内燃机活塞)及一些复杂件(如叶轮),板材可用于制造高温下的焊接冲压结构件	
	2A80	LD8				
	2A14	LD10			用于制造承受高负荷和形状简单的锻件	铝连杆

提示：铸造铝合金的代号用 ZL(Z 和 L 分别为"铸""铝"二字汉语拼音的首字母)及 3 位数字表示。第一位数字表示铝合金的类别(1 为铝硅系,2 为铝铜系,3 为铝镁系,4 为铝锌系);后面两位数字表示合金顺序号。例如,ZL102 表示 2 号铝硅系铸造铝合金。若代号后面加 A,则表示优质。

铸造铝合金的牌号表示方法为:Z＋Al＋合金元素符号＋合金元素质量分数的百倍。若优质合金则在牌号后面加 A。

表 2-10　常用铸造铝合金牌号、性能特点及用途

类别	牌号	代号	合金系	性能特点	用途举例	实物图片
铝硅合金 简单铝硅合金	ZAlSi2	ZL102	Al-Si	流动性好,铸件致密,不易产生铸造裂纹,强度较低	用于制造仪表、抽水机壳体等承受低载、工作温度低于 200℃ 的气密性零件	铝壳体
铝硅合金 特殊铝硅合金	ZAlSi7Mg ZAlSi7Cu4	ZL101 ZL107	Al-Si	流动性好,铸件致密,不易产生铸造裂纹,强度较高	用于制造形状复杂、强度较高、低膨胀系数的零件,如汽化器、风冷发动机的汽缸头	汽缸头
铝铜合金	ZAlCu5Mn	ZL201	Al-Cu	耐热性高,铸造性能和耐蚀性较差	用于制造在 175～300℃ 以下工作的零件,如内燃机汽缸、活塞、支臂	活塞
铝镁合金	ZAlMg10	ZL301	Al-Mg	抗蚀性高,密度小,强度和韧性较高,切削加工性好,工件表面粗糙度低	用于制造工作温度小于 150℃,在大气或海水中工作、承受较大振动载荷的零件	汽车铝轮圈
铝锌合金	ZAlZn11Si7	ZL401	Al-Zn	良好的铸造性能、切削性能、焊接性能及尺寸稳定性	用于制造工作温度小于 200℃,形状复杂的汽车、飞机零件	

拓展阅读

铝虽是地壳中含量最丰富的一种金属元素,但由于铝的化学性质活泼,冶炼比较困难,直到1827年德国化学家维勒才在实验室将它分离出来。100多年前它是金属中的贵族,比黄金还贵,英国皇家学会曾不惜重金用它制作了一只奖杯赠给门捷列夫,表彰门捷列夫对化学的杰出贡献。第二次世界大战之前铝材主要用于军事,之后才迅速应用于国民经济,甚至是人们的日常生活。现在铝材的用量之多,范围之广,仅次于钢铁,成为第二大金属材料。特别是铝合金,因其密度小、比强度高可以减轻运载类机器的自身重量,提高运输能力和降低能源消耗,在大气环境中具有良好的耐腐蚀性等,在汽车、飞机等工业领域和建筑、装饰、包装、仪表、日常用具制造等方面得到了广泛应用。

2. 铜及铜合金

1)工业纯铜

铜是人类发现最早和使用最广泛的金属之一。纯铜又名紫铜,熔点为1083℃,密度为$8.93g/cm^3$。在非铁金属材料中,铜的产量仅次于铝。

纯铜突出的优点是具有优良的导电性、导热性、冷热加工性、良好的抗蚀性和抗磁性。但是纯铜的强度、硬度很低,价格贵,具有明显的加工硬化性。

> **提示**:加工硬化是指金属在外力作用下发生塑性变形时,其强度、硬度随之提高,塑性、韧性随之下降的现象。加工硬化是强化金属的重要手段之一,但会给金属的进一步加工造成困难,也会使金属变脆,抗蚀能力降低。因此,在加工和使用具有明显加工硬化性的铜制零件时,有时需要进行适当的热处理,消除或部分消除加工硬化。如某高射炮中液体调节器紧塞环,用纯铜制作完成后,在装配使用前需进行退火处理。

工业纯铜所加工的产品,按化学成分不同可分为纯铜和无氧铜两类。常用工业纯铜加工产品的牌号、成分和用途见表2-11。

表2-11 常用工业纯铜加工产品的牌号、成分和用途

类别	牌号	代号	Cu含量/%（不小于）	用途
纯铜	一号铜	T1	99.95	主要用来制作导电、导热、耐蚀器具材料,如防磁仪器
	二号铜	T2	99.90	
	三号铜	T3	99.70	一般用铜材,如用于制造电气开关、管道、铆钉
无氧铜	一号无氧铜	TU1	99.97	用于制造电真空器件、高导电性导线
	二号无氧铜	TU2	99.95	

2)铜合金

纯铜不宜用作结构材料,所以工业上应用较广的是铜合金。按生产方法,铜合金可分为压力加工铜合金和铸造铜合金两类;若按化学成分,铜合金还可分为白铜、黄铜和青铜三大类,后两类主要用于机械制造业。

(1)白铜

主要由铜和镍组成的铜合金称为白铜。白铜色泽美观(含镍20%以上即呈银白色),具

有极为优秀的耐恶劣水质和海水腐蚀性能,以及异常良好的机械和物理性能。

白铜常分为普通白铜和特殊白铜。只由铜和镍组成的白铜称为普通白铜,在白铜中加入其他合金元素组成的白铜称为特殊白铜。白铜的牌号、主要特性及用途见表2-12。

表2-12 白铜的牌号、特性及用途

类别	牌号编排方法	牌号举例解读	常用牌号	主要用途	实物图片
普通白铜	B+镍的质量分数×100	例如,B30表示$\omega_{Ni}=30\%$、余量为铜的普通白铜	B19、B30、B5	制作在蒸汽、海水中工作的耐蚀零件	船用阀门
特殊白铜	B+第二主加元素符号+第一主加元素镍的质量分数×100+第二主加元素的质量分数×100	例如,BMn40-1.5表示$\omega_{Ni}=40\%$、$\omega_{Mn}=1.5\%$、余量为铜的特殊白铜	铝白铜 BAl6-1.5	制作重要用途的弹簧	弹簧
			铁白铜 BFe30-1.1	制作高温、高压和高速条件下工作的冷凝器和恒温器的管材,化学工业用具、供水加热器、蒸馏装置等	冷凝器
			锰白铜 BMn3-12 BMn40-1.5	制作电阻仪器、热电偶丝等精密测量器件	变阻器

(2)黄铜

主要由铜和锌组成的铜合金称为黄铜。黄铜色泽鲜明,具有较好的抗海水和抗大气腐蚀的能力,且有很好的加工性和铸造性。按照化学成分的不同,黄铜可分为普通黄铜和特殊黄铜。只由铜和锌组成的黄铜称为普通黄铜,在铜锌合金中加入其他合金元素的黄铜称为特殊黄铜。按工艺特点的不同黄铜可分为压力加工黄铜和铸造黄铜。常用普通黄铜和特殊黄铜的牌号编排及主要用途见表2-13和表2-14。

> **提示**:普通黄铜中锌的含量对强度和塑性的影响很大。当$\omega_{Zn}\approx32\%$时,塑性最高;当$\omega_{Zn}\approx45\%$时,强度最高;当$\omega_{Zn}>45\%$时,合金的强度、塑性均急剧下降。黄铜中ω_{Zn}应小于50%。黄铜的抗蚀性较好,与纯铜相近。但当$\omega_{Zn}>7\%$(尤其是大于20%)的普通黄铜经冷加工后,在海水及潮湿大气中,尤其是在含有氨的情况下,易产生应力腐蚀破裂现象。预防这种现象的方法是在250~300℃进行去应力退火。

(3)青铜

青铜原指铜和锡的合金,是人类历史上应用最早的一种合金。现在把黄铜和白铜以外的铜合金统称为青铜。青铜的强度、硬度高,耐磨性、抗蚀性、铸造性好。

按照化学成分的不同青铜可分为锡青铜和无锡青铜(或特殊青铜);按工艺特点的不同青铜可分为压力加工青铜和铸造青铜。常用锡青铜和无锡青铜的牌号编排及主要用途见表2-15和表2-16。

表 2-13　常用普通黄铜牌号编排及主要用途

类别	牌号编排方法	牌号举例解读	常用牌号	主要用途	实物图片
压力加工普通黄铜	H＋铜的百分含量	例如，H68 表示 $\omega_{Cu}=68\%$、余量为锌的普通黄铜	H90	双金属片、供水和排水管、证章、艺术品（又称金色黄铜）	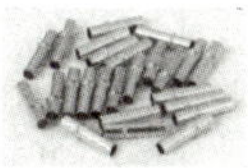 黄铜管
			H68	复杂的冷冲压件、散热器外壳、弹壳、导管、波纹管、轴管	 手枪子弹
			H62	销钉、铆钉、螺钉、螺母、垫圈、弹簧、夹线板	 螺母
铸造普通黄铜	Z＋Cu＋Zn 及其百分含量	例如，ZCuZn38 表示 $\omega_{Zn}=38\%$、余量为铜的铸造普通黄铜	ZCuZn38	一般结构件如散热器、螺钉、支架等	 螺钉

表 2-14　常用特殊黄铜牌号编排及主要用途

类别	牌号编排方法	牌号举例解读	常用牌号	主要用途	实物图片
压力加工特殊黄铜	H＋第二主加元素符号＋铜及各合金元素百分含量	例如，HPb59-1 表示 $\omega_{Cu}=59\%$、$\omega_{Pb}=1\%$、余量为锌的特殊黄铜	HSn62-1	与海水和汽油接触的船舶零件（又称海军黄铜）	 重型潜水服
			HSi80-3	船舶零件，在海水、淡水和蒸汽（＜265℃）条件下工作的零件	 蒸汽阀
			HMn58-2	海轮制造业和弱电用零件	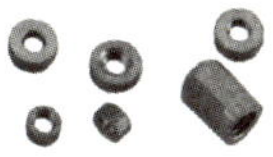 接线柱螺母
			HPb59-1	热冲压及切削加工零件，如销、螺钉、螺母、轴套（又称易削黄铜）	 螺母

续表

类别	牌号编排方法	牌号举例解读	常用牌号	主要用途	实物图片
铸造特殊黄铜	Z+Cu+Zn及其百分含量+其他合金元素符号及其百分含量	例如，ZCuZn16Si4 表示 $\omega_{Zn}=16\%$、$\omega_{Si}=4\%$、余量为铜的铸造硅黄铜	ZCuZn40Mn3Fe1	轮廓不复杂的重要零件，海轮上在300℃以下工作的管配件、螺旋桨等大型铸件	螺旋桨
			ZCuZn25Al6Fe3Mn3	要求强度高耐蚀零件，如压紧螺母、重型蜗杆、轴承、衬套	轴承

表 2-15　常用锡青铜牌号编排及主要用途

类别	牌号编排方法	牌号举例解读	常用牌号	主要用途	实物图片
压力加工锡青铜	Q+Sn及其百分含量+其他合金元素符号及其百分含量	例如，QSn4-3 表示 $\omega_{Sn}=4\%$、$\omega_{其他}=3\%$、余量为铜的压力加工锡青铜	QSn4-3	弹性元件、管配件、化工机械中耐磨零件以及抗磁零件	耐磨衬套
			QSn6.5-0.1	弹簧、接触片、振动片、精密仪器中的耐磨零件	弹簧
铸造锡青铜	Z+Cu+Sn及其百分含量+其他合金元素符号及其百分含量	例如，ZCuSn10P1 表示 $\omega_{Sn}=10\%$、$\omega_P=1\%$、余量为铜的铸造锡青铜	ZCuSn10P1	重要的减磨零件，如轴承、轴套、蜗轮、摩擦轮、机床丝杠螺母	蜗轮
			ZCuSn5Pb5Zn5	减速、中载荷的轴承、轴套以及蜗轮等耐磨零件	蜗轮

表 2-16　常用无锡青铜牌号编排及主要用途

类别	牌号编排方法	牌号举例解读	常用牌号	主要用途举例	实物图片
压力加工无锡青铜	Q+主加合金元素符号及其百分含量+其他合金元素符号及其百分含量	例：QAl9-4 表示 $\omega_{Al}=9\%$、$\omega_{其他}=4\%$、余量为铜的压力加工无锡青铜	QAl7	重要用途的弹簧和弹性元件	弹簧
			QBe2	重要用途的弹簧与弹性元件、耐磨零件以及在高速、高压和高温下工作的轴承	轴承

续表

类别	牌号编排方法	牌号举例解读	常用牌号	主要用途举例	实物图片
铸造无锡青铜	Z+Cu+主加合金元素符号及其百分含量+其他合金元素符号及其百分含量	例如，ZCuAl10Fe3 表示 $\omega_{Al}=10\%$、$\omega_{Fe}=3\%$、余量为铜的铸造无锡青铜（或称铸造铝青铜）	ZCuAl10Fe3	耐磨零件（压下螺母、轴承、蜗轮、齿圈）以及在蒸汽、海水中工作的高强度抗腐蚀元件	轴承
			ZCuPb30	大功率航空发动机，柴油机曲轴及连杆的轴承、齿轮、轴套	轴套

📖 拓展阅读

铜是人类认识并应用得最早的金属之一。根据大量的出土文物考证，我国最早的青铜器出自新石器时代后期，到了殷商时代，在生产工具、兵器、生活用具和礼器等方面已大量使用青铜。青铜铸造术和青铜器在人类历史上起到了划时代的作用，如图2-31所示。

(a) 秦始皇陵铜马车　　　　(b) 商后母戊鼎

图 2-31　青铜器

在现代，铜仍旧发挥着极其重要的作用。铜的导电性能好，耐蚀能力强，在电力、电气等领域应用十分广泛。铜的塑性好，并能与其他金属熔合形成合金，可以满足多种工艺需要和性能要求，在工业设备和机械制造中发挥着其他金属无法替代的作用。

3. 轴承合金

用于制造滑动轴承轴瓦及其内衬的合金，称为轴承合金。

1) 轴承合金的性能要求

为了减小轴承对轴颈的磨损，确保机器的正常运转，轴承合金应具有下列性能。

(1) 足够的强度和硬度，以承受轴颈较大的压力。

(2) 高的耐磨性和小的摩擦因数，以减小轴颈的磨损。

(3) 足够的塑性和韧性，较高的抗疲劳强度，以承受轴颈的交变载荷，并抵抗冲击和振动。

(4) 良好的导热性和耐蚀性，以利于热量的散失和抵抗润滑油的腐蚀。

(5) 良好的磨合性,使其与轴颈能较快地紧密配合。

2) 常用轴承合金

常用的轴承合金有锡基轴承合金、铅基轴承合金、铜基轴承合金和铝基轴承合金。其中锡基轴承合金和铅基轴承合金应用最广,它们又被称为巴氏合金。

(1) 锡基轴承合金(锡基巴氏合金)

锡基轴承合金是一种软基体硬质点类型的轴承合金,通常以锡(Sn)为基体,主加元素锑(Sb),辅加元素铜(Cu)等组成的合金。这种轴承合金具有适中的硬度、小的摩擦因数、较好的塑性及韧性、优良的导热性和耐蚀性等优点,常用于重要的轴承。由于锡是较贵的金属,故其应用受到限制。

锡基轴承合金为直接浇铸成形,所以其牌号表示方法为 Z("铸"字汉语拼音首字母)＋基体元素符号＋主加元素符号＋主加元素含量＋辅加元素符号＋辅加元素含量。如 ZSnSb11Cu6 表示锡基轴承合金,主加元素锑的含量约为 11%,辅加元素铜的含量约为 6%,其余为锡。

锡基轴承合金的牌号、化学成分、力学性能和用途见表 2-17。

表 2-17 锡基轴承合金的牌号、化学成分、力学性能和用途

牌 号	化学成分(质量分数,%)					硬度/HBW	用 途
	Sb	Cu	Pb	杂质	Sn		
ZSnSb12Pb10Cu4	11.0～13.0	2.5～5.0	9.0～11.0	0.55	余量	≥29	一般用于制造中速、中压发动机的主轴承,不适宜在高温下工作
ZSnSb11Cu6	10.0～12.0	5.5～6.5	—	0.55	余量	≥27	用于制造重载、高速、低于110℃的重要轴承,如1500kW以上的蒸汽机、3700kW涡轮压缩机、涡轮泵及高速内燃机的轴承
ZSnSb8Cu4	7.0～8.0	3.0～4.0	—	0.55	余量	≥24	用于大型机器轴承及重载汽车发动机轴承
ZSnSb4Cu4	4.0～5.0	4.0～5.0	—	0.50	余量	≥20	用于制造韧性高、浇铸层较薄的重载荷高速轴承,如涡轮内燃机高速轴承及轴衬

(2) 铅基轴承合金(铅基巴氏合金)

铅基轴承合金是一种软基体硬质点类型的轴承合金,通常以铅、锑为基,加入锡、铜等元素组成的轴承合金。这种轴承合金的强度、硬度、韧性均低于锡基轴承合金,且摩擦因数较大,故只用于中等载荷的轴承。但由于其价格便宜,在可能的情况下,应尽量用其代替锡基轴承合金。

铅基轴承合金的牌号表示方法与锡基轴承合金相同。如 ZPbSb16Sn16Cu2,其中铅为基体元素,锑为主加元素,其含量为 16%,辅加元素锡的含量为 16%,铜的含量为 2%,其余为铅。

铅基轴承合金的牌号、化学成分、力学性能和用途见表 2-18。

(3) 铜基轴承合金

铜基轴承合金主要有铅青铜和锡青铜等。

表 2-18　铅基轴承合金的牌号、化学成分、力学性能和用途

牌号	化学成分(质量分数,%)					硬度/HBW	用途
	Sb	Cu	Sn	杂质	Pb		
ZPbSb16Sn16Cu2	15.0～17.0	1.5～2.0	15.0～17.0	0.60	余量	≥30	用于制造 110～880kW 蒸汽涡轮机、150～750kW 电动机和小于 1500kW 的起重机中的重载荷推力轴承等
ZPbSb15Sn5Cu3	14.0～16.0	2.5～3.0	5.0～6.0	0.40	余量	≥32	用于制造船舶机械、小于 25kW 的电动机、水泵轴承等
ZPbSb15Sn10	14.0～16.0	—	9.0～11.0	0.50	余量	≥24	用于制造承受中等冲击载荷、中速机械的轴承,如汽车、拖拉机的曲轴轴承和连杆轴承,也适用于高温轴承
ZPbSb10Sn6	9.0～11.0	—	5.0～7.0	0.75	余量	≥18	用于制造重载、耐蚀、耐磨轴承等

铅青铜是锡基轴承合金的代用品,常用的牌号为 ZCuPb30,它是平均含铅量为 30% 的铸造铅青铜。铅青铜是一种硬基体软质点的轴承合金。与巴氏合金相比,铜基轴承合金具有高的承载能力、良好的耐磨性、高的导热性(为锡基的 6 倍)、高的疲劳强度,并能在较高温度下(300～320℃)工作,可广泛用于制造高速、重载荷下工作的轴承,如航空发动机、大功率汽轮机、高速柴油机等的主轴轴承和连杆轴承。

锡青铜也是一种良好的轴承合金,常用牌号为 ZCuSn10P1,可用来制造机床上的轴瓦、蜗轮、开合螺母等。

(4) 铝基轴承合金

铝基轴承合金是一种新型减摩材料,具有密度小、导热性好、疲劳强度高和耐腐蚀性好等优点,并且其资源丰富,价格低廉,已逐步取代其他轴承合金。常用的铝基轴承合金有铝锑镁轴承合金和铝锡轴承合金两类。

① 铝锑镁轴承合金

铝锑镁轴承合金以铝为基,加入 3.5%～4.5%锑和 0.3%～0.7%镁。其组织为软的基体上分布着硬质点。该合金生产工艺简单,成本低,具有良好的疲劳强度和耐磨性,但承载能力不大。铝锑镁轴承合金主要用于制造承受中等载荷、滑动速度低于 10m/s 的轴承,如低速柴油机轴承等。

② 铝锡轴承合金

铝锡轴承合金以铝为基,加入约 20%锡和 1%铜。其组织是在较硬的铝基体上均匀分布着较软的锡颗粒。该合金生产工艺简单,成本低,具有较高的疲劳强度,良好的耐热性、耐磨性和耐腐蚀性。目前已在汽车、拖拉机和内燃机车上广泛应用。

4. 硬质合金

硬质合金是以高硬度难熔金属的碳化物粉末为主要成分,以钴(Co)、镍(Ni)或钼(Mo)作为黏结剂,在真空炉或氢气还原炉中烧结而成的粉末冶金制品。

1) 硬质合金的性能特点

(1) 硬度高(86HRA～93HRA,相当于 69HRC～81HRC)、热硬性好(可达 900～

1000℃，保持60HRC）、耐磨性好。

硬质合金刀具比高速钢刀具切削速度高4～7倍，刀具寿命高5～80倍。所制造模具、量具寿命比合金工具钢高20～150倍。可切削50HRC左右的硬质材料。

（2）抗压强度高、抗弯强度低、韧性差

硬质合金的抗压强度比高速钢高，但抗弯强度只有高速钢的1/3～1/2，且韧性较差。因硬质合金硬度高、脆性大，不能进行切削加工，难以制成形状复杂的整体刀具，因而常制成不同形状的刀片，采用焊接、粘接、机械夹持等方法安装在刀体或模具上使用，如图2-32所示。

图2-32　硬质合金刀具

2）常用的硬质合金

（1）钨钴类硬质合金

钨钴类硬质合金主要成分是碳化钨（WC）和黏结剂钴（Co）。其牌号由YG（"硬钴"两字汉语拼音首字母）和平均含钴量的百分数组成。例如，YG8表示平均含钴量为8%，其余为碳化钨的钨钴类硬质合金。常用牌号有YG3、YG6、YG8等。数字越大，表示含钴量越高，抗冲击性能越好。

钨钴类硬质合金有较好的强度和韧性，适于切削脆性材料，如铸铁、非铁金属及其合金、胶木等。

（2）钨钴钛类硬质合金

钨钴钛类硬质合金主要成分是碳化钨、碳化钛（TiC）及钴。其牌号由YT（"硬钛"两字汉语拼音首字母）和碳化钛平均含量的百分数组成。例如，YT5表示碳化钛平均含量为5%，其余为碳化钨和钴的钨钴钛类硬质合金。常用牌号有YT5、YT14、YT15、YT30等。数字越大，表示含碳化钛越多，含黏结剂钴越少，其硬度和耐磨性越高，强度和韧性越低。

钨钴钛类硬质合金中加入碳化钛，提高了其硬度、耐磨性和热硬性，在加工钢时，刀具表面形成一层氧化钛薄膜，能使切屑不易黏附，故可用于加工韧性材料，如钢等。

（3）通用硬质合金

通用硬质合金主要成分是碳化钨、碳化钛、碳化钽（或碳化铌）及钴。这类硬质合金又称为万能硬质合金。其牌号由YW（"硬万"两字汉语拼音首字母）加顺序号组成，如YW1、YW2。二者用途相似，YW2的耐磨性比YW1稍差，强度比YW1高，能承受较大的冲击载荷。

这类硬质合金既能加工钢，又能加工铸铁，可用于耐热钢、高锰钢、不锈钢、高级合金钢等难加工钢的加工。

常用硬质合金的牌号、化学成分、力学性能和用途见表2-19。

表 2-19　常用硬质合金的牌号、化学成分、力学性能和用途

类别	牌号	化学成分（质量百分数 %）				硬度 /HRA	抗拉强度 R_m/MPa	用途
		WC	TiC	TaC	Co			
钨钴类硬质合金	YG3X	96.5	—	<0.5	3	≥92	≥1000	适用于铸铁、有色金属及其合金的精加工及半精加工,也可用于合金钢、淬火钢的精加工,制作在磨粒强烈磨损条件下工作的工具和耐磨零件（如喷砂机喷嘴）
	YG6	94.0	—	—	6	≥89.5	≥1450	适用于铸铁、有色金属及其合金、不锈钢与非金属材料连续切削时的粗加工,间断切削时的半精加工和精加工、小断面精加工,粗加工螺纹,旋风车丝,连续断面的精铣与半精铣,扩孔
	YG6X	93.5	—	<0.5	6	≥91	≥1400	适用于加工冷硬合金铸铁、耐热合金钢与普通铸铁的精加工以及钢、有色金属的细丝拉伸模具
	YG6A	91.0	—	3	6	≥91.5	≥1400	适用于冷硬铸铁、球墨铸铁、有色金属及其合金的半精加工,高锰钢、淬火钢、不锈钢、耐热钢的半精加工及精加工
	YG8	92.0	—	—	8	≥89	≥1500	适用于铸铁、有色金属及其合金、非金属材料加工,不平整断面和间断切削时的粗加工,钻孔和扩孔,钢、有色金属的棒材、管材的拉伸和校准模具
	YG8C	92.0	—	—	8	≥88	≥1750	主要用作凿岩工具,也可用于压缩率大的钢管、钢棒拉伸,耐热钢和奥氏体不锈钢的粗车及钢和铜铸件的刨削
	YG11C	89.0	—	—	11	≥88.5	≥2100	
	YG15	85.0	—	—	15	≥87	≥2100	适用于用作凿岩工具,也可用于制造压缩率大的钢棒和钢管拉伸模具、冲压模具
钨钴钛类硬质合金	YT5	85.0	5	—	10	≥89.5	≥1400	适用于碳钢及合金钢（钢锻件、冲压件及铸件表皮）加工中,不平整断面与间断切削的粗车、粗刨、半精刨和非连续面的粗铣以及钻孔
	YT15	79.0	15	—	6	≥91	≥1130	适用于碳钢与合金钢加工中不平整断面和连续切削时的粗加工,间断切削时的半精加工与精加工,铸孔和锻孔的扩钻与粗扩
	YT30	66.0	30	—	4	≥92.5	≥880	适用于碳钢和合金钢工件的精加工,如小断面的精车、精镗、精扩等
通用硬质合金	YW1	84.0	6	4	6	≥92	≥1230	适用于铸铁及钢件加工,也适用于耐热钢、高锰钢、不锈钢等难加工钢的加工
	YW2	82.0	6	4	8	≥91.5	≥1470	适用于铸铁及钢件加工,也适用于耐热钢、高锰钢、不锈钢等难加工钢的加工。加工时作粗加工、半精加工等工序使用

拓展阅读

钛元素发现于18世纪末,直到1947年,才开始在工厂里冶炼生产。纯钛是银白色的金属,熔点高(1668℃),密度小(4.5g/cm³),热膨胀系数小,钛的比强度位于金属之首。钛的塑性好,容易加工成形,可制成细丝、薄片。钛具有极强的抗蚀性,在常温下可以终身保持其原有本色,甚至在强化学介质中也不会出现明显的腐蚀现象。如大名鼎鼎的强腐蚀剂"王水",能够"吞噬"黄金和白银,以致把不锈钢腐蚀得锈迹斑驳,而对钛却显得"无可奈何"。

钛及其合金具有质量轻、比强度高、耐高温和抗蚀性强等其他金属所不具备的优异性能,但由于其价格较高,只在特殊条件和环境下使用。钛及钛合金主要用于航空、航天和军械等特殊领域;在机械、化工、石油、船舶等行业,对于一些在高温和强腐蚀介质条件下工作的零部件,当其他材料无法满足需要时,钛及钛合金可作为最终选择;在医疗卫生领域,钛及钛合金可作为人体骨骼、牙齿和固定零件的制作材料,以保证其植入人体后,具有正常的使用功能和使用期限,如图2-33所示。不同类型和牌号的钛及钛合金的应用见表2-20。

(a) 钛骨钉

(b) 钛头盖骨

(c) 钛合金手表

图 2-33 钛及钛合金

表 2-20 钛及钛合金的应用

类别	牌号	力学性能(退火状态)		用 途
		R_m/MPa	A/%	
工业纯钛	TA1	≥240	≥30(板材)	1. 航空、航天:飞机、火箭的骨架,发动机部件 2. 化工:热交换器、泵体、搅拌器 3. 造船:耐海水腐蚀的管道、阀门、泵、发动机活塞 4. 医疗:人造骨骼、植入人体的固定螺钉 5. 机械:在低于350℃条件下工作且受力较小的零件
	TA2	≥400	≥25(板材)	
	TA3	≥500	≥20(板材)	
	TA4	≥580	≥20(板材)	
α型钛合金	TA5	≥685	≥12	用于400℃以下在腐蚀介质中工作的零件及焊接件,如飞机的骨架、蒙皮,气压泵的壳体、叶片,船舶上的一些零件
	TA6	≥685	≥12	
	TA7	≥735~930	≥12	在500℃以下长期工作的结构件和各种模锻件,短时使用可达900℃,也可作超低温部件(-253℃),如超低温容器等
α+β型钛合金	TC1	≥585	≥15	在400℃以下工作的冲压件、焊接件和模锻件,以及低温结构件
	TC2	≥685	≥12	
	TC4	≥895	≥10	在400℃以下长期工作的零件,各种容器、泵等低温部件,船舶耐压壳体,坦克上的履带等,其强度比TC1、TC2高
	TC6	≥980	≥10	可在450℃以下使用,主要用作飞机发动机上的结构材料
	TC10	≥1030	≥12	在450℃以下长期工作的零件,如飞机结构零件、起落架支柱、蜂窝连接片、导弹发动机外壳、武器结构件等

2.4 任务与实施

1. 任务内容
（1）通过牌号辨识图表中金属材料的种类及成分。
（2）通过火花特征区分 Q235、45 钢、T10、40Cr、高速钢和铸铁。

2. 任务目标
（1）熟悉常用金属牌号的标识方法，能够通过牌号辨识金属的种类及成分。
（2）熟悉常用碳钢的火花特征，能够通过火花特征区分碳钢与合金钢、铸铁。
（3）掌握依据火花特征概略辨别钢成分的操作方法。

3. 任务实施器材
零件所用材料表、砂轮机、防护眼镜、Q235、45 钢、T10、40Cr、高速钢、铸铁等材料试样。火花识别用部分器材如图 2-34 所示。

（a）砂轮机

（b）防护眼镜

（c）金属试样

图 2-34 火花识别用部分器材

4. 任务实施
1）将下列材料的种类及主要成分填在表 2-21 中

表 2-21 零件所用材料的种类及主要成分

序号	牌号	材料种类及主要成分
1	25CrNiW	
2	50	
3	30CrNi3A	
4	50B	
5	50AZ	
6	T9A	
7	40Cr	
8	45CrNiMoVA	
9	T2	
10	QAl10-3-1.5	
11	HMn57-3-1	
12	08	

2) 通过火花特征区分 20 钢、45 钢、T10、40Cr、高速钢和铸铁

(1) 备好两组试样。

一组是已标识的 20 钢、45 钢、T10、40Cr、高速钢、铸铁等的标准试样,另一组是未标识的 20 钢、45 钢、T10、40Cr、高速钢、铸铁等的试样。

(2) 选择并检查砂轮机。

应选用合适的砂轮和转速,一般选用砂粒粒度为 46~60 号的普通氧化铝砂轮,转速为 3000r/min,并检查砂轮机是否完好。

(3) 做好个人防护。戴好无色防护眼镜。

(4) 磨削标准试样,观察其火花特征,并将火花特征记录于表 2-22 中。

(5) 通过观察火花辨识标号为 1~6 号的试样,并记录于表 2-22 中。

表 2-22 标准试样及未知试样火花特征记录

试样		流线					爆花				特征火花
		颜色	明暗	长短	粗细	数量	形状	大小	花粉	数量	
碳素钢	低碳钢(20)										
	中碳钢(45)										
	高碳钢(T10)										
合金钢	40Cr										
	高速钢										
铸铁											
未标识试样 1											
未标识试样 2											
未标识试样 3											
未标识试样 4											
未标识试样 5											
未标识试样 6											

(6) 操作注意事项。

① 注意人身安全。使用砂轮机磨钢时应戴防护眼镜,防止钢屑、砂粒等飞入眼内。磨削时不准磨砂轮侧面,人应站立在砂轮外侧,防止砂轮破碎飞出伤人。

② 火花的识别应经常练习,反复比较,认真体会,不断总结。每次练习时间一般以半小时为好。时间过长会使眼睛疲劳,效果变差。

③ 火花识别应在室内稍暗处进行,不能在阳光下,也不必在暗室内,以便清楚地观察火花特征。

④ 磨火花时,力度要适中,应以能看清火花特征为准。

⑤ 磨削前应将零件表面的黑皮磨去,以免造成误导。

⑥ 可采取和标准试样比较法,提高火花识别的准确性。

拓展阅读

钢的涂色标记

为了便于识别,一般会在钢上做标记,如在大型钢的端面或侧面标上钢号,在成捆的小型钢上挂标牌,多数钢还涂有颜色标记,如图 2-35 所示。前者只需通过标示的钢牌号就可识别钢,如果是涂色标记,则需要查阅如表 2-23 所示的钢表面的颜色标记与钢种类的对应关系。

(a)钢号标记　　　　(b)标牌标记　　　　(c)涂色标记

图 2-35　钢标记示例

表 2-23　常用钢涂色标记与钢种类的对应关系

类别	牌号或组别	涂色标记	牌号或组别	涂色标记
优质碳素结构钢	08～15 20～25 30～40	白色 棕色+绿色 白色+蓝色	45～85 15Mn～40Mn 45Mn～70Mn	白色+棕色 白色二条 绿色三条
合金结构钢	锰钢 硅锰钢 锰钒钢 铬钢 铬硅钢 铬锰钢 铬锰硅钢 铬钒钢 铬镍钢 铬镍钒钢	黄+蓝 红+黑 蓝+绿 绿+黄 蓝+红 蓝+黑 红+紫 绿+黑 黄+黑 棕+黑	钼钢 铬钼钢 铬锰钼钢 铬钼钒钢 铬硅钼钒钢 铬铝钢 铬钼铝钢 铬镍钨钢 硼钢 铬镍钼钢	紫 绿+紫 紫+白 紫+棕 紫+棕 铝白色 黄+紫 黄+红 紫+蓝 紫+黑
高速钢	W12Cr4V4Mo W18Cr4V	棕色一条+黄色一条 棕色一条+蓝色一条	W9Cr4V2 W9Cr4V	棕色二条 棕色一条
铬轴承钢	G8Cr15 GCr15SiMo GCr18SiMo	绿色一条 白色一条+蓝色一条 绿色二条	GCr15 GCr15SiMn	蓝色一条 绿色一条+蓝色一条
不锈耐酸钢	铬钢 铬钛钢 铬锰钢 铬钼钢 铬镍钢 铬锰镍钢 铬镍钛钢 铬镍铌钢	铝色+黑色 铝色+黄色 铝色+绿色 铝色+白色 铝色+红色 铝色+棕色 铝色+蓝色 铝色+蓝色	铬钼钛钢 铬钼钒钢 铬镍钼钛钢 铬钼钒钴钢 铬镍铜钛钢 铬镍钼铜钛钢 铬镍钼铜铌钢	铝色+白色+黄色 铝色+红色+黄色 铝色+紫色 铝色+紫色 铝色+蓝色+白色 铝色+黄色+绿色 铝色+黄色+绿色

此外,对于涂色标记的钢,取用时应注意从未涂色的一端下料。

2.5 复习思考题

1. 名词解释

工业纯铁　钢　铸铁　有色金属　轴承合金　火束　流线　爆花

2. 填空题

（1）从钢铁的生产过程可以知道，炼铁是一个_____过程，炼钢是一个_____过程。

（2）从成分上看，钢铁都是_____合金，但含碳量不同。钢的含碳量为_____，铸铁的含碳量是_____，含碳量小于 0.0218％的称为_____。

（3）钢中常存的杂质元素有_____、_____、_____、_____等，其中_____和_____可以起到强化作用，对钢的性能有利，_____会引起热脆，_____会引起冷脆。

（4）20 钢按成分分属于_____钢，按用途分属于_____钢；40Mn 表示含碳量为_____的钢，按成分分属于_____钢，按用途分属于_____钢，按质量分属于_____钢。根据含碳量分类，70 钢是_____钢；40Cr 按成分分属于_____钢，按用途分属于_____钢。

（5）钢在砂轮上磨削时会产生火束，其中的流线有_____、_____、_____三种形式，在火束的_____部观看，_____流线是 T8 钢的流线特征。

（6）火花识别中的流线形式可在火束的_____部观察，_____流线形式是碳钢的主要流线形式。

（7）火花识别中，火束可以分为_____、_____、_____三个部分，其中_____部是显示含碳量多少的主要部位。

（8）在进行钢的火花识别时，一次花是_____钢的主要火花特征。

（9）要区别 20 钢与 T10 钢，主要观察火束的_____部。要区别 40 钢与 40Cr 钢，主要观察火束的_____部。

（10）合金元素的加入，会出现_____或_____爆花，形成特征火花，主要在火束的_____部观看。

（11）若在钢的火花中观察到明显的花粉，可以判断该钢的含碳量大于_____。

（12）金属材料中的黑色金属主要是指_____和_____。

（13）按照特性的不同，有色金属又分为_____金属、_____金属、_____金属、_____金属和_____金属等多种。

（14）根据铝合金的成分及生产工艺特点，可将铝合金分为_____和_____两大类。

（15）铜合金按生产方法可分为_____和_____两类；若按化学成分，铜合金还可分为_____、_____和_____三大类。

（16）普通黄铜是_____合金。在普通黄铜中加入其他元素时称为_____。白铜是_____合金，青铜是_____合金。

3. 简答题

（1）钢中常存的杂质元素有哪些？它们对钢的性能有什么影响？

（2）钢常见的分类方法有哪几种？具体分类方法是什么？

（3）试述下列牌号的含义。

Q215 08F 40 40Cr 40Mn 40Mn2 50A 50B 50BA T7 T8MnA T12
Y20 40CrMo 30CrNi3 60Si2Mn 9SiCr 8CrV W18Cr4V ZG270-500 H08A
H08CrMoA Cr9 ZAlSi7Mg T2 H68 ZCuZn38 HSn62-1 ZCuZn40Mn3Fe1
QSn6.5-0.1 ZCuSn10P1 QA17 ZCuPb30 ZSnSb11Cu6

（4）为什么可以通过钢铁在高速旋转的砂轮上磨削时产生的火花大致区分钢？
（5）铜合金是如何分类的？简要说明常用的金色黄铜、弹壳黄铜和海军黄铜的成分。
（6）想一想家中的铝制炊具为什么不能经常用钢丝球清洗？

4. 应用实践题

（1）请辨识图 2-36 的零件图中的材料牌号。

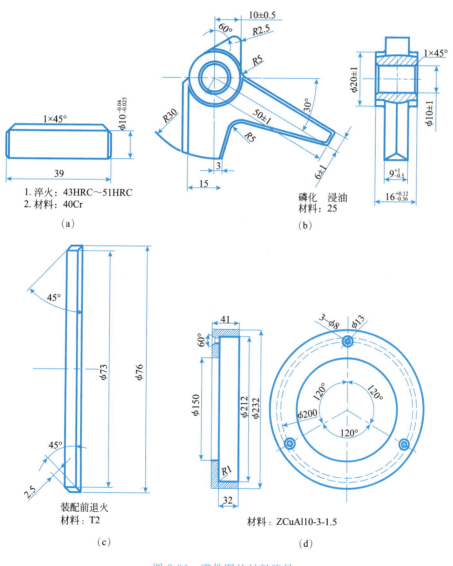

图 2-36　零件图的材料牌号

（2）课外调研：请收集常用零件和工具的钢牌号。结合本项目学习的内容对牌号加以解读，并通过火花识别操作熟悉其火花特征。

项目 3　常用钢的热处理

项目要求

本项目介绍制定热处理工艺的基本理论依据、普通热处理工艺及其操作流程,通过对常用钢退火、正火、淬火、回火的操作处理,帮助学生掌握正确使用热处理设备的方法,并对常用钢进行合理的热处理。

知识要求:
(1) 掌握热处理的定义、作用及分类。
(2) 掌握铁碳状态图和过冷奥氏体冷却曲线的用途。
(3) 掌握普通热处理的目的、方法及应用。

技能要求:
(1) 学会使用热处理设备。
(2) 学会对钢进行普通热处理。

知识要点框架

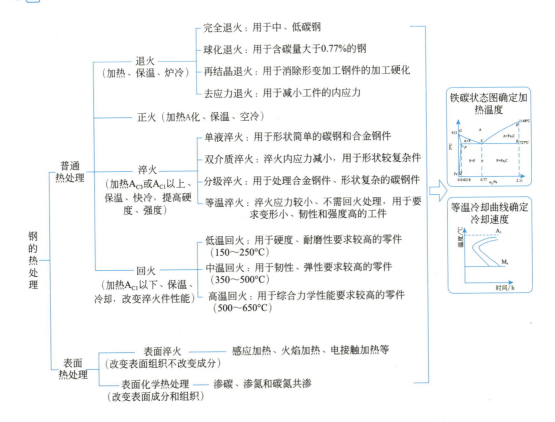

3.1 热处理基本知识

将钢加热、保温和冷却,以获得所需要的力学性能的工艺方法就是钢的热处理工艺。

热处理工艺在机械制造业中应用极为广泛,如轻武器零件需要热处理的约占90%以上,汽车零件占70%~80%以上,而各种刀具、量具与模具几乎100%都需要进行热处理。热处理不仅能提高钢的使用性能,而且可以充分挖掘钢的潜力,延长工件的使用寿命。此外,热处理还可改善工件的加工工艺性能,提高加工质量,减少刀具磨损。因此,钢的热处理在机械制造业中占有十分重要的地位。

热处理工艺大致分为普通热处理和表面热处理两大类。根据加热和冷却方式的不同,每一大类又区分为若干不同的热处理工艺,如图3-1所示。

$$\text{热处理}\begin{cases}\text{普通热处理:退火、正火、淬火、回火}\\\text{表面热处理}\begin{cases}\text{表面淬火:感应加热表面淬火、火焰加热表面淬火等}\\\text{化学热处理:渗碳、氮化、碳氮共渗、渗金属}\end{cases}\end{cases}$$

图3-1 热处理分类

提示:与铸造、压力加工、焊接和切削加工等不同,热处理不改变工件的形状和尺寸,只改变工件的性能。

机械零件一般的加工工艺顺序为:铸造或锻造—退火或正火—机械粗加工—淬火+回火(或表面热处理)—机械精加工。

从工艺顺序可以看出,退火或正火通常安排在机械粗加工之前进行,其作用是消除或减少前一道工序所造成的组织缺陷和内应力,改善材料的切削性能,为随后的切削加工及热处理做好准备,即作为预备热处理。而淬火和回火通常是最后的热处理,其作用是使零件获得最终使用所需的力学性能,即作为最终热处理。

最终热处理工艺及应达到的力学性能指标等一般会作为热处理的技术条件由设计者标注在零件图上,用文字简要说明。如某45钢螺钉零件图上的热处理技术条件为5151,235HBS;尾部5213,45HRC,表示对螺钉进行整体调质,热处理后硬度达到230HBS~250HBS;其尾部进行火焰加热,表面淬火和回火,硬度为42HRC~48HRC。常用热处理工艺分类及代号见表3-1。

表3-1 常用热处理工艺分类及代号

工艺	代号	工艺类型	代号	名称	代号	加热方法	代号
热处理	5	整体热处理	1	退火	1	加热炉加热	1
				正火	2	感应加热	2
				淬火	3	火焰加热	3
				淬火和回火	4	电阻加热	4
				调质	5	激光加热	5
				稳定化处理	6	电子束加热	6
				固溶处理、水韧处理	7	等离子加热	7
				固溶处理与时效	8	其他	8

续表

工艺	代号	工艺类型	代号	名称	代号	加热方法	代号
热处理	5	表面热处理	2	表面淬火和回火 物理气相沉积 化学气相沉积 等离子化学气相沉积 离子注入	1 2 3 4 5	加热炉加热 感应加热 火焰加热 电阻加热 激光加热 电子束加热 等离子加热 其他	1 2 3 4 5 6 7 8
		化学热处理	3	渗碳 碳氮共渗 渗氮 氮碳共渗 渗其他非金属 渗金属 多元素共渗	1 2 3 4 5 6 7		

热处理工艺虽然很多,但任何一种热处理工艺都是由加热、保温和冷却三个阶段组成的,这三个阶段分别对应的加热温度、保温时间和冷却方式将直接影响钢热处理的效果。而钢热处理时加热温度和冷却方式的确定分别是以铁碳合金状态图和过冷奥氏体的冷却曲线为依据的。

3.1.1 铁碳合金状态图

1. 铁碳合金状态图及铁碳合金状态简图

铁碳合金状态图又称为 $Fe-Fe_3C$ 状态图,是表现在缓慢冷却或缓慢加热的条件下(又称平衡条件)铁碳合金的成分、温度和组织三者之间关系的图形,如图 3-2 所示。

> **提示**:铁碳合金状态图中的横坐标表示铁碳合金的成分;纵坐标表示温度;中间标注的是不同成分的铁碳合金在相应温度下的内部组织,组织不同,性能不同。

钢的热处理主要应用的是状态图的左下角,即铁碳合金状态图钢的固态部分,$Fe-Fe_3C$ 状态简图,如图 3-3 所示。简图中各主要特征线的物理意义见表 3-2。

表 3-2 $Fe-Fe_3C$ 简图中的主要特征线

特征线	物 理 意 义
$GS(A_3$ 线$)$	$A \leftrightarrow F$ 的转变线
$SE(A_{cm}$ 线$)$	$A \leftrightarrow Fe_3C$ 的转变线
$PSK(A_1$ 线$)$	$A \leftrightarrow P$ 的转变线(又称共析线)

2. 铁碳合金内部组织名称及其性能特点

铁碳合金内部组织名称及其性能特点见表 3-3。

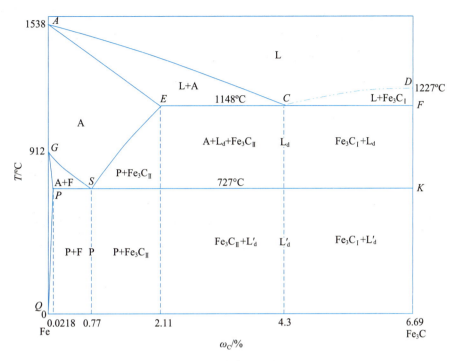

图 3-2 铁碳合金状态图

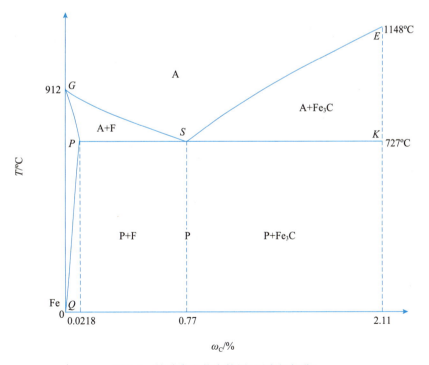

图 3-3 铁碳合金状态简图(固态钢部分)

从图 3-3 中可以看出,室温下随着钢含碳量的增加,其内部组织是变化的。随着含碳量的增加,组织中渗碳体的相对量也在不断增加,并且其形态和分布情况也随之变化,故不同成分的钢具有不同的性能。当$\omega_C<0.90\%$时,随着含碳量的增加,组织中渗碳体的数量也随之增多,并且均匀分布,故钢的强度、硬度呈直线上升,而塑性、韧性不断降低;当$\omega_C>0.90\%$以后,渗碳体以网状分布,不仅使钢的塑性、韧性进一步降低,而且钢的强度也明显下降,只有硬度是升高的。钢的力学性能随含碳量变化的规律如图3-4所示。

表 3-3　铁碳合金内部组织及其性能

符号	组织名称	性 能 特 点	显微组织图片
A	奥氏体	一般在高温下存在,强度、硬度较低,塑性、韧性较好	
F	铁素体	性能与纯铁相近,强度、硬度较低,塑性、韧性较好	
Fe_3C	渗碳体	硬且脆,塑性和韧性几乎为零	
P	珠光体	渗碳体与铁素体的混合物,性能介于两者之间,具有良好的力学性能	
L_d	莱氏体	奥氏体和渗碳体的混合物,性能接近渗碳体,硬度高,塑性、韧性极差	

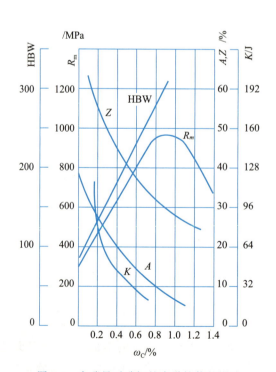

图 3-4　含碳量对碳钢的力学性能的影响

提示：钢在热处理时，为确保热处理的效果，经常需要通过加热和保温两个阶段获得细小而均匀的奥氏体颗粒（常称为奥氏体晶粒），这就需要严格控制加热温度和保温时间。在确定加热温度和保温时间时必须注意以下几个问题。

（1）钢在实际热处理中的加热和冷却不可能非常缓慢，组织的转变总是有滞后的现象。实际组织转变的临界点与 $Fe\text{-}Fe_3C$ 状态图中的临界点存在一定的差值（见图3-5），加热或冷却越快差值越大。该差值在加热时称为过热度，冷却时称为过冷度。

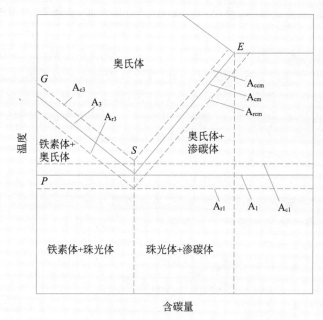

图3-5　钢在加热和冷却时各临界点的位置

（2）加热温度是依据 $Fe\text{-}Fe_3C$ 状态图确定的，须将钢加热到 $Fe\text{-}Fe_3C$ 状态图中标有奥氏体 A 的温度区域。如含碳量为 0.77% 的碳钢，需加热至 A_{c1} 线对应温度以上才能获得奥氏体晶粒；含碳量小于 0.77% 的碳钢，加热至 A_{c1} 线和 A_{c3} 线对应温度之间只能获得部分奥氏体晶粒，要获得全部奥氏体晶粒需加热至 A_{c3} 线对应温度以上；含碳量大于 0.77% 的碳钢，加热至 A_{c1} 线和 A_{ccm} 线对应温度之间只能获得部分奥氏体晶粒，要获得全部奥氏体晶粒需加热至 A_{ccm} 线对应温度以上。

（3）奥氏体晶粒一旦形成之后，若所处温度较高或保温时间过长，晶粒会长大（见图3-6），容易出现晶粒粗大的现象，影响热处理效果。因此，为了获得细小且均匀的奥氏体晶粒，加热温度只需略高于临界点对应温度，保温时间控制在只是让钢件热透、奥氏体成分均匀即可。

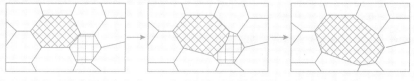

图3-6　晶粒的吞并与长大

拓展阅读

在基体金属中有意加入的一些金属或非金属元素称为合金元素,如锰、铬、镍、钒、钛、钴、铜、铝、硼、稀土等。合金元素不仅会使钢的强度、硬度升高,塑性、韧性下降,而且会对 $Fe-Fe_3C$ 状态简图产生影响。

(1) 扩大或缩小奥氏体区。如镍、锰、铜等元素加入后可扩大单相奥氏体区,使 A_1 线、A_3 线、A_{cm} 线下降,意味着 A 与 F、Fe_3C 和 P 之间的转变温度降低。反之,铬、钼、钨、钛、硅等元素加入后可缩小单相奥氏体区,使 A_1 线、A_3 线、A_{cm} 线升高,意味着 A 与 F、Fe_3C 和 P 之间的转变温度升高。

(2) 大多数合金元素使 $Fe-Fe_3C$ 状态简图的 S 点和 E 点向左移。S 点左移意味着钢中组织全部为珠光体 P 所需的含碳量(质量分数)低于 0.77%。E 点左移意味着钢和生铁按平衡状态组织区分的含碳量(质量分数)不再是 2.11%,而是低于这个数值就出现了莱氏体钢。

铁碳合金状态图除了是制定热处理等工艺规范的重要依据,还是制定铸造、锻压、焊接等工艺规范的重要依据,并为合理选择材料提供了理论基础。

1. 在制定工艺规范方面的应用

(1) 在铸造工艺方面的应用。根据 $Fe-Fe_3C$ 状态图,可以确定合适的浇注温度。由状态图可知,共晶成分(含碳量为 4.3%)的合金,其凝固温度间隔最小(为零),故流动性好,分散缩孔较少,有可能得到致密的铸件。共晶成分合金的熔点最低,可以用比较简易的熔炼设备,而钢的熔点明显比它高 200~300℃,需要复杂的熔炼设备(如电炉等)。因此在铸造生产中,接近共晶成分的铸铁被广泛应用。

(2) 在锻造工艺方面的应用。钢在室温时的组织为两相混合物,因此其塑性较差、形变困难,只有将其加热到单相奥氏体状态,才能有较好的塑性,因此,钢的锻造或轧制应选择在具有单相奥氏体组织的温度范围内进行。一般始锻(轧)控制在固相线(AE 线)以下 200~300℃范围内,温度不宜太高,以免钢氧化严重;而终锻(轧)温度对于含碳量小于 0.77% 的钢应控制在稍高于 GS 线范围内,对于含碳量大于 0.77% 的钢应控制在稍高于 PSK 线范围内,温度不能过低,以免钢的塑性太差,导致产生裂纹。

(3) 在焊接工艺方面的应用。焊接时,由焊缝到母材各区域的加热温度是不同的,由 $Fe-Fe_3C$ 状态图可知,在不同加热温度下经历的组织转变过程不同,冷却后可能得到不同的组织与性能。这就需要在焊接后采用热处理工艺加以改善。

2. 在选材方面的应用

铁碳合金状态图揭示了合金的组织随成分变化的规律,根据组织可以判断其大致性能,便于合理选择材料。

建筑结构和各种型钢需要塑性、韧性较好的材料,应选用低碳钢;各种机器零件需要强度、塑性及韧性都较好的材料,应选用中碳钢;各种工具需要硬度高、耐磨性好的材料,应选用高碳钢。至于白口铸铁,其耐磨性好,铸造性能优良,适用于耐磨、不受冲击、形状复杂的铸件,例如拉丝模、冷轧辊、火车车轮、犁铧、球磨机铁球等。

3.1.2 过冷奥氏体的冷却曲线

钢在加热时形成的奥氏体,在冷却时会重新发生转变。冷却条件不同,转变后得到的组织也不同,因此性能也会出现明显的差别。显然,冷却过程是热处理工艺中的关键工序,它决定着钢热处理后的组织和性能。生产中,常采用等温冷却和连续冷却两种冷却方式。图 3-7 所示为不同冷却方式示意图。

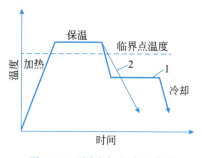

图 3-7 不同冷却方式示意图
1—等温冷却;2—连续冷却

> **提示**:奥氏体正常存在的温度区间是在 A_1 线以上,在 A_1 线以下存在的奥氏体称为过冷奥氏体。过冷奥氏体是不稳定的,必定会发生转变,但并不是一冷却到 A_1 温度以下就会立即发生转变,它在转变前需要停留一定的时间。

1. 过冷奥氏体等温冷却转变曲线

将钢奥氏体化后,将其以极快的速度冷却到各个不同的温度进行等温转变,会获得不同的组织和性能。以 T8 钢为例,其过冷奥氏体等温转变曲线如图 3-8 所示,图中全面展示了过冷奥氏体的转变温度、转变时间和转变组织之间的关系。它是用实验的方法获得的。因该曲线形状像字母 C,所以又称为 C 曲线。

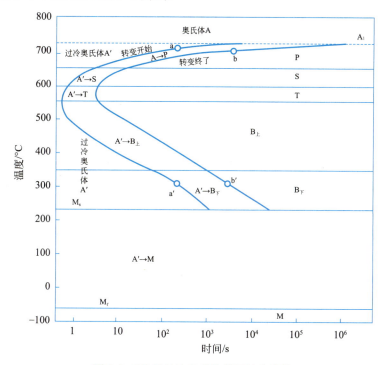

图 3-8 T8 钢过冷奥氏体等温转变曲线

在图 3-8 中，A_1 为奥氏体向珠光体转变的临界温度，因此 A_1 以上是奥氏体稳定区。aa′为过冷奥氏体转变开始线，其左侧区域为过冷奥氏体区。bb′为过冷奥氏体转变终了线，其右侧区域为转变产物区。在 aa′线与 bb′线之间是过冷奥氏体与转变产物共存的过渡区。水平线 M_s 和 M_f 分别表示过冷奥氏体向马氏体转变的开始温度线和终止温度线，对于 T8 钢 M_s 约为 230℃，M_f 约为 -70℃，M_s 与 M_f 之间是马氏体转变区。

从 C 曲线的形状可以看出，在不同的过冷度下，过冷奥氏体转变前停留的时间是不同的。把过冷奥氏体转变前所停留的时间称为孕育期。孕育期越长表示过冷奥氏体越稳定，在 C 曲线拐弯的"鼻尖"处（约 550℃）其孕育期最短，此时过冷奥氏体最不稳定，极易发生分解。

过冷奥氏体的等温转变产物主要有珠光体型、贝氏体型和马氏体型三大转变类型。

1) 珠光体型转变（高温转变）

在 A_1 ~550℃温度范围内，奥氏体等温转变为由铁素体和渗碳体层片相间而成的机械混合物，即珠光体。等温温度越低，形成珠光体的片层越细，片层间距越小。按片层间距的不同，珠光体可分为粗片状珠光体、细片状珠光体（又称索氏体）和极细片状珠光体（又称屈氏体），分别用符号 P、S、T 表示。它们没有本质的区别，转变温度也没有严格的界线，只有片层粗细不同和由此引起的性能上的差异。片层越细，塑性变形的抗力越大，强度和硬度越高，T8 钢过冷奥氏体珠光体转变组织和性能见表 3-4。

表 3-4　T8 钢过冷奥氏体珠光体型转变组织和性能

组织名称	符号	形成温度范围/℃	性能特点	显微组织图片
珠光体	P	A_1~650	硬度为 170HBW~200HBW，硬度适中，强度较高，有一定的塑性，具有较好的综合力学性能	<500×
索氏体	S	650~600	硬度为 230HBW~320HBW，综合力学性能优于珠光体	>1000×
屈氏体	T	600~550	硬度为 330HBW~400HBW，综合力学性能优于索氏体	>2000×

2) 贝氏体型转变（中温转变）

在 550℃~M_s 温度范围内，因为转变温度较低，过冷奥氏体仍分解成渗碳体和铁素体，但铁素体中的含碳量已过饱和，渗碳体也不再是片层状，这种过饱和铁素体和非片状渗碳体所组成的混合物称为贝氏体，用符号 B 表示。

贝氏体的组织形态比较复杂，常见的两种典型组织形态是在 550~350℃范围内形成的羽毛状的上贝氏体和在 350℃~M_s 线温度范围内形成的黑色针状的下贝氏体，它们分别用符号 $B_上$ 和 $B_下$ 表示。贝氏体型转变组织和性能见表 3-5。

表 3-5 贝氏体型转变组织和性能

组织名称	符号	形成温度范围/℃	性能特点	显微组织图片
上贝氏体	$B_上$	550～350	硬度为40HRC～45HRC,强度低,塑性很差,基本无实用价值	
下贝氏体	$B_下$	350～M_s	硬度为45HRC～55HRC,具有较高的强度和良好的塑性和韧性,是实际生产中常用的组织	

3) 马氏体型转变(低温转变)

当奥氏体被迅速过冷至马氏体点 M_s 以下时,发生马氏体转变。马氏体以符号 M 表示。马氏体型转变组织和性能见表 3-6。

表 3-6 马氏体型转变组织和性能

组织名称	形成温度范围/℃	性能特点	显微组织图片
低碳马氏体	M_s～M_f	含碳量在0.2%左右的低碳马氏体硬度可达45HRC,性能特点是具有良好的强度及较好的韧性	板条状马氏体(800×)
高碳马氏体		高碳马氏体硬度均在60HRC以上,性能特点是硬度高且脆性大	针状马氏体(800×)

马氏体转变有以下一些特点。

(1) 与前两种转变不同,马氏体转变是在一定温度范围内(M_s～M_f之间)连续冷却完成的。马氏体随温度的不断降低而增多,一直到 M_f 点为止。冷却一旦停止,奥氏体向马氏体的转变也就停止。

(2) 马氏体转变速度极快,转变时体积会发生膨胀,在钢件内部会产生很大的内应力。这是工件淬火时产生淬火内应力,导致工件淬火变形和开裂的主要原因。

(3) 马氏体转变一般不能进行到底,总有一部分奥氏体未能转变而残留下来,这部分未发生马氏体转变的奥氏体称为残余奥氏体,用 $A_残$ 表示。残余奥氏体的存在有两个原因:一是由于马氏体形成时伴随着体积的膨胀,对尚未转变的奥氏体产生了多向压应力,抑制奥氏体转变;二是因为钢的 M_f 点大多低于室温,如果只是冷却至室温,必然存在较多的残余奥氏体。钢中残余奥氏体的数量随 M_f 和 M_s 点的降低而增加。

提示:马氏体的硬度主要取决于含碳量。ω_C<0.60%时,随含碳量的增加,马氏体硬度升高;ω_C>0.60%时,硬度升高不明显。马氏体的塑性和韧性与其含碳量及形态有着密切的关系。低碳板条状马氏体具有较高的韧性,在生产中得到了广泛的应用。

拓展阅读

T8 钢等温冷却转变曲线图的建立

等温冷却转变曲线图是通过实验方法建立的。该图的建立过程如下。

将 T8 钢制成若干个尺寸相同、很小的薄片试样,将其加热到临界温度以上,使其组织变成成分均匀的奥氏体,然后迅速把它们放到 A_1 以下不同温度的盐浴炉中进行等温转变,测出不同温度下过冷奥氏体的转变开始和转变结束的时间,并将其描绘在温度时间坐标图上,最后分别连接各转变开始点和转变终了点,得到 T8 钢的 C 曲线。其他钢种的等温冷却转变曲线图都是采用此种实验方法建立的,每一种钢都有自己的等温冷却转变曲线图。

2. 过冷奥氏体连续冷却转变曲线

在实际生产中,过冷奥氏体转变大多在连续冷却过程中进行。由于连续冷却转变图的测定比较困难,故常用连续冷却曲线与等温转变曲线叠加,近似地分析连续冷却转变的产物和性能。如图 3-9 所示,v_1、v_2、v_3、v_4 分别代表不同的连续冷却速度,根据它们同 C 曲线相交的温度范围,可定性地确定其连续冷却转变的产物和性能。

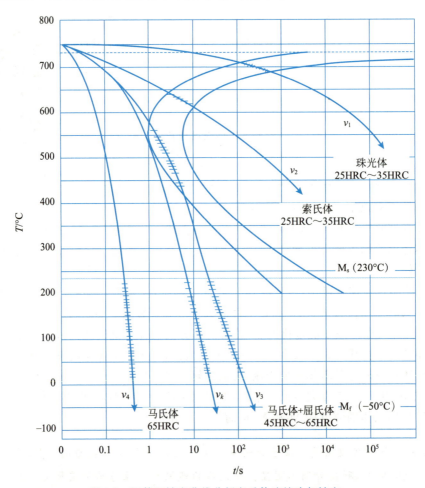

图 3-9 用等温转变曲线分析奥氏体连续冷却转变

> 提示：v_1、v_2、v_3、v_4 这四种冷却速度，分别相当于热处理中常用的随炉冷却（退火）、空冷（正火）、油冷（油冷淬火）和水冷（水冷淬火）四种冷却方法。
>
> 与 C 曲线"鼻尖"相切的冷却速度 v_k，就是冷却时获得全部马氏体的最小冷却速度——临界冷却速度。当奥氏体的冷却速度大于该钢的临界冷却速度急冷到 M_s 以下时，奥氏体就只转变为马氏体。

拓展阅读

因钢的成分不同，所以对应的等温冷却转变曲线是存在差异的（见图 3-10）。

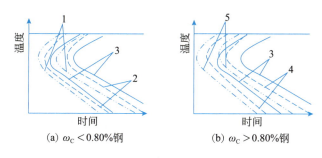

图 3-10 钢的含碳量对 C 曲线位置的影响
1—45 钢；2—60 钢；3—T8 钢；4—T10 钢；5—T12 钢

由图 3-10 不难发现，含碳量对 C 曲线的位置存在影响。$\omega_C \neq 0.80\%$ 的钢的 C 曲线均在 T8 钢 C 曲线的左侧，意味着它们的临界冷却速度更快；$\omega_C < 0.80\%$ 时，随着含碳量的增加 C 曲线逐渐向右移动；$\omega_C > 0.80\%$ 时，C 曲线则随着含碳量的增加而逐渐向左移动。

合金元素的加入也会影响 C 曲线的位置。除钴以外，能溶入奥氏体的合金元素都能使过冷奥氏体的稳定性增大，使 C 曲线向右移动，即相同含碳量的合金钢的临界冷却速度比碳钢慢。

3.2 退火与正火

3.2.1 退火

退火是将钢件加热到适当温度，保持一定时间，然后缓慢冷却（一般是炉冷）以获得接近平衡状态组织的热处理工艺。

根据钢件的成分和退火目的的不同，常用的退火方法有完全退火、球化退火、再结晶退火和去应力退火。常用退火方法和应用场合见表 3-7。

表 3-7 常用退火方法和应用场合

退火方法	工艺	组织特点及目的	应用场合
完全退火	将钢件加热到完全奥氏体化，即加热到 A_{c3} 以上 30~50℃，保温一定时间后，随炉缓慢冷却的工艺方法	细化晶粒、均匀组织、消除应力、改善性能，为下一步加工做准备，也可作为一些不重要零件的最终热处理	主要用于中、低碳钢的铸件、锻件、热轧钢和焊接件

续表

退火方法	工 艺	组织特点及目的	应用场合
球化退火	将钢加热到 A_{c1} 以上 20～30℃，保温一定时间后，以不大于 50℃/h 的速度随炉冷却的工艺方法	将碳化物球状化，使层片状的珠光体转变为球状珠光体，消除轻微网状渗碳体，为最终热处理做好组织准备；降低硬度，改善切削加工性；消除内应力，增加塑性和韧性	主要用于含碳量大于 0.77% 的钢件，这些钢件硬度较高，切削加工困难，通过球化退火，降低硬度，易于切削加工
再结晶退火	将钢件加热到再结晶温度（$T_{再} \approx 0.4T_{熔}$）以上 150～250℃，保持适当时间后缓慢冷却的工艺方法	使被拉长、破碎的晶粒变为均匀的等轴晶粒，无组织变化	适用于形变加工的钢件，消除加工硬化
去应力退火	在 A_{c1} 以下加热（铸件及焊接件一般为 500～650℃，机械加工件则可用稍低些的温度），保温 2～4h 后，缓冷至 200～300℃ 再出炉空冷	无组织变化。主要是为了去除钢件内存在的内应力（内应力的存在十分有害，内应力过大的零件在加工和使用过程中易发生变形和开裂）	适用于铸造、焊接、锻轧及切削加工后（精度要求高）存在内应力的工件

提示： 保温时间一般按有效尺寸 D 计算，工件的有效尺寸是指能够保证工件得到良好加热条件的尺寸，其计算方法如图 3-11 所示。实际生产中保温时间根据有效尺寸 D 按 1.5～2.5min/mm 估算。合金钢的保温时间比碳钢长一些，工件越大，保温时间也越长。

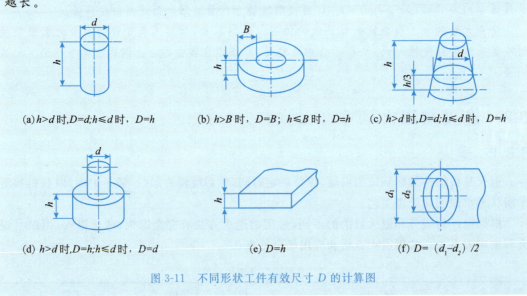

图 3-11 不同形状工件有效尺寸 D 的计算图

3.2.2 正火

正火是将钢加热到全部奥氏体化，即 A_{c3}（或 A_{ccm}）点以上 30～50℃，保温适当时间后，在空气中冷却的热处理工艺。

提示：正火的保温时间计算方法与完全退火相似。

正火冷却时，对于一般小件可在空气中冷却，大件可用吹风冷却或喷雾冷却。对于一些高合金钢，需采用更慢的冷却方式，因为空气冷却已超过其临界冷却速度，属于淬火而非正火。

正火与退火的目的相似，都是通过细化晶粒、均匀组织来提高低碳钢件的硬度、改善切削加工性能，或消除切削加工后的硬化现象和内应力，消除钢中的网状碳化物等，为下一步热处理做好准备；正火与退火也可作为对性能要求不高的普通零件的最终热处理。正火的冷却速度比退火快，可得到细密的珠光体，因此钢件正火后的强度和硬度都比退火后高。表 3-8 为 45 钢退火、正火后的力学性能比较。

表 3-8 45 钢退火、正火后的力学性能

钢号	状态	力学性能			
		抗拉强度 R_m/MPa	伸长率 A/%	冲击韧性 α_k/(J/cm²)	硬度/HBW
45	退火	650～700	15～20	40～60	160～200
	正火	700～800	15～20	50～80	170～240

3.2.3 正火与退火的选用

正火与退火目的相似，但又不能完全互相取代。选用时可以从以下几个方面考虑。

1. 切削加工性

如图 3-12 所示为碳钢的硬度与热处理的关系。图中阴影部分是适合一般切削加工的硬度范围。从图中可以看出，在改善切削加工性能方面，碳质量分数 ω_C 低于 0.5% 的碳钢，宜采用正火；碳质量分数 ω_C 高于 0.5% 的碳钢，宜采用退火；高碳钢宜采用球化退火。对于中碳以上的合金钢，一般可采用退火，这是因为合金元素使 C 曲线右移，正火的冷却速度较快，使硬度过高，不适合机械加工。

2. 使用性能

对于性能要求不高，随后拟不再进行淬火、回火的普通结构件，往往可用正火来提高力学性能。

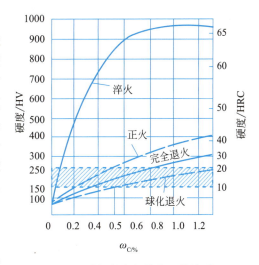

图 3-12 碳钢硬度与热处理的关系

3. 经济性

正火与退火相比周期短、节约能源、操作简便，并可获得较好的力学性能，所以在满足工件性能要求的条件下，一般优先采用正火。

3.3 淬火与回火

3.3.1 淬火

淬火是将钢件加热到 A_{c3} 或 A_{c1} 以上某一温度,经保温后快速冷却(冷却速度大于 v_k),获得马氏体或下贝氏体组织的热处理工艺。淬火的目的是为了提高钢的强度、硬度、耐磨性等力学性能。

淬火是热处理工艺过程中最重要、也是最复杂的一种工艺,如果它的冷却速度很快,容易造成变形及裂纹;如果减缓冷却速度,又达不到所要求的硬度。淬火常常是决定产品质量的关键。因此,在淬火的热处理过程中要对加热、保温和冷却进行严密的考虑并采取有效的措施。

1. 淬火加热温度的选择

钢的淬火加热温度根据 Fe-Fe₃C 状态图进行选择,具体选择温度的范围和原因见表 3-9。

表 3-9 淬火加热温度的选择

钢的碳含量	加热温度	加热温度范围图	选择原因分析
$\omega_C < 0.8\%$	A_{c3} 以上 30~50℃ [可用 $T(℃)=(920-200\times C)^{+20}$ 计算,其中,C 是钢中碳含量百分数的分子]		为了得到细小晶粒的奥氏体,以便淬火后得到细小均匀的马氏体组织。如果加热温度过高则会出现晶粒粗大,使钢变脆;如果淬火温度过低(在 $A_{c1} \sim A_{c3}$ 之间),则淬火的组织中存在铁素体,从而造成淬火后的硬度不足
$\omega_C \geqslant 0.8\%$	A_{c1} 以上 30~50℃ [即 $T(℃)=760\sim780℃$]		淬火后可获得细小马氏体和粒状渗碳体,残余奥氏体较少,这种组织硬度高、耐磨性好,而且脆性较小。如果加热温度过高,获得的奥氏体晶粒粗大,淬火后马氏体组织就会粗大,增大了脆性及变形开裂倾向,而且残余奥氏体量增多,会降低钢的硬度和耐磨性

2. 淬火保温时间的确定

淬火保温时间的计算方法很多,可用如下较简单的方法:将加热炉温度升至所选淬火温度,装入零件,此时炉温会下降,待炉温回升到规定温度后开始计算保温时间。生产中常根据工件的有效尺寸确定加热时间,其经验公式如下:

$$t = \alpha D$$

式中，t —— 淬火保温时间（min）；
　　　α —— 加热系数（min/mm），箱式空气电阻炉取 0.8min/mm，盐浴炉取 0.4min/mm；
　　　D —— 工件的有效尺寸（mm），选取与退火相同。

提示：为了保证组织的转变时间，小于 4～5mm 的零件，应取 4～5mm 来计算保温时间。

3. 淬火冷却介质及冷却方法的选择

淬火冷却是淬火工艺的关键工序之一。淬火冷却必须保证得到马氏体组织或下贝氏体组织，因此其冷却速度不小于临界冷却速度 v_k。但过快的冷却速度会引起过大的淬火应力，以致工件变形开裂。所以淬火介质的冷却速度又不能过快，在满足淬硬的条件下，应使冷却速度尽可能低。因此，理想的淬火冷却速度应是"慢—快—慢"的变化规律，如图 3-13 所示。

(1) 淬火冷却介质的选择。淬火冷却介质应能提供大于临界冷却速度 v_k 的冷却速度，且来源容易、无污染。因此，在生产中常用的淬火冷却介质有油、水、盐水和碱水等，它们的冷却能力依次增加。其冷却特点和应用场合见表 3-10。

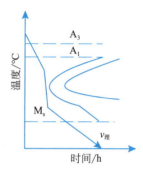

图 3-13　理想的淬火冷却曲线示意图

表 3-10　常用淬火冷却介质特点和应用场合

介质种类	冷 却 特 点	应用场合
油	油的冷却能力较低，在 200～300℃ 马氏体转变区冷却非常缓慢，减少了工件的变形和开裂倾向。但在高温阶段（550～650℃）的冷却能力过低	常用于中小型合金钢件或尺寸较小的碳钢工件
水、盐水和碱水	在 550～650℃ 的高温区冷却能力较大，但在 200～300℃ 马氏体转变区的冷却能力过强，易使淬火工件变形和开裂	常用于形状简单、尺寸较大的碳钢工件

(2) 淬火冷却方法的选用。淬火冷却方法是否正确合理，直接影响到淬火的效果。按冷却特点，常用淬火冷却方法分为单液淬火、双介质淬火、分级淬火、等温淬火等，其方法、特点、应用场合及热处理工艺曲线见表 3-11。

表 3-11　常用淬火冷却方法、特点、应用场合及热处理工艺曲线

名称	操作方法	特点和应用场合	热处理工艺曲线
单液淬火	将工件加热至淬火温度并保温后，放入单一淬火介质中，冷却至 150～100℃ 时取出或冷至室温。单液淬火时，碳钢是用水冷淬火，合金钢是用油冷淬火	操作简便，易实现机械化和自动化，但由于水和油的冷却性能并不理想，所以其使用范围有很大的局限性。主要用于形状简单的碳钢和合金钢工件，也可用于局部淬硬的工件	

续表

名称	操作方法	特点和应用场合	热处理工艺曲线
双介质淬火	将工件加热奥氏体化后,先浸入一种冷却能力较强的介质,在钢件还未达到淬火介质温度之前取出马上浸入另一种能力较弱的介质中缓冷至室温,如先水后油、先油后空气等	减小了淬火内应力,工件变形和开裂小,但操作困难,不易掌握,生产中大多凭经验进行。这种方法常用来处理形状较复杂的工件,如碳素工具钢中的钻头、铰刀等	
分级淬火	将奥氏体化的钢件,淬入温度稍高或稍低于钢的 M_s 点的液态介质(盐浴或碱浴)中,保持适当时间,待钢件的内、外层都达到介质温度后取出空冷,以获得马氏体组织的淬火	减少了淬火应力和变形。由于盐浴和碱浴的冷却能力不大,分级淬火只适用于处理合金钢件和尺寸不大、形状较复杂的碳钢件	
等温淬火	加热到奥氏体化后,快冷到下贝氏体转变温度区间等温保持,使奥氏体转变为下贝氏体的淬火工艺	等温淬火后得到的是下贝氏体组织,综合力学性能较高,组织转变都是在等温时完成的,淬火应力较小,不易变形开裂。这种方法适用于处理要求变形小、韧性和强度高、尺寸不大的工件。等温淬火后的钢件不需回火处理	

4. 钢的淬透性与淬硬性

在淬火冷却过程中,热量由钢件的心部传导至表面被淬火介质吸收带走,其心部的冷却速度与钢件的导热性能相关,因此在淬火时其表面获得的冷却速度与心部不同,心部的冷却速度比表面慢。如果表面和心部的冷却速度都能使钢件获得半数以上的马氏体(即马氏体所占体积比例数在50%以上),即钢件被完全淬透;若表面的冷却速度使钢件获得半数以上的马氏体,而心部的冷却速度不能使钢获得半数以上的马氏体,则被称为"未淬透"。

钢件的淬透性是指在规定条件下,钢在淬火冷却时获得马氏体组织深度的能力。

影响淬透性的因素主要取决于钢件的临界冷却速度,临界冷却速度越小,淬透性越好。

提示: 淬透性的大小对钢件淬火回火后的力学性能有很大的影响,如钢件被淬透,经回火后,力学性能在整个截面都是均匀一致的;未淬透的钢件,表面和心部的力学性能存在差异,对于大截面的钢件更为明显。当工件要求具有均匀一致的力学性能时,就要选用淬透性较好的钢件制造。而有些工件要求表面淬硬而心部不需要高硬度,则可选淬透性较小的钢件。所以淬透性是设计制造零件、合理选用钢和正确制定热处理工艺的重要依据。

淬硬性是指钢在理想条件下淬火后所能达到的最高硬度,它主要取决于钢的含碳量,低碳钢淬火的最高硬度低,淬硬性差;高碳钢淬火的最高硬度高,淬硬性好。

提示：淬透性和淬硬性是两个不同的概念，须加以区别。淬透性是指钢件淬火后达到淬硬层的深度。淬硬性高的钢件，其淬透性不一定好。如高碳工具钢与低碳合金钢相比，前者淬硬性高但淬透性差，后者淬透性高但淬硬性差。

5. 钢的淬火缺陷

在热处理生产中，常因淬火工艺控制不当，产生氧化与脱碳、过热与过烧、变形与开裂、硬度不足及软点等缺陷，见表 3-12。

表 3-12 钢的淬火缺陷

缺陷名称	缺陷含义及产生原因	后 果	防止与补救方法
氧化与脱碳	工件在加热的过程中，由于加热介质中的氧、水分、二氧化碳等与钢发生化学反应，使钢表面产生氧化皮称为氧化；使钢表层含碳量降低称为脱碳	氧化使工件表面凹凸不平，尺寸变小，脱碳使工件表面硬度、耐磨性、强度特别是疲劳强度降低	用盐浴炉、真空炉、可控气氛炉热处理，或留加工余量及用热处理保护涂料等
过热与过烧	过热是加热温度过高或保温时间太长，致使晶粒严重变粗，强度、韧性变差的现象；如果加热的温度太高或在高温下时间太长，晶界被氧化或熔化，表面呈现白斑，这种现象称为过烧	工件过热后，晶粒粗大，使钢的力学性能降低，并易引起变形和开裂；工件过烧后无法使用	严格控制加热温度和保温时间；对过热的工件，可用正确的退火或正火消除；过烧的工件只能报废
变形与开裂	淬火内应力是引起变形及开裂的主要原因	无法使用	变形的工件，可采取校正的办法补救，而开裂的工件则只能报废
硬度不足	由于加热温度过低、保温时间不足、表面脱碳、冷却速度不够快等原因，在淬火后无法达到预期的硬度	无法满足使用性能	严格执行工艺规程；发现硬度不足，可先进行一次退火或正火处理，再重新淬火
软点	淬火后工件表面有许多未淬硬的小区域，原因包括加热温度不够、局部冷却速度不足（局部有污物、气泡等）及局部脱碳等	组织不均匀，性能不一致	冷却时注意操作方法，增加搅动；产生软点后，可先进行一次退火、正火或调质处理，再重新淬火

3.3.2 回火

由于钢件淬火后的组织主要是马氏体和少量的残余奥氏体，它们处于不稳定状态，会自发地向稳定组织转变，从而导致性能不稳定及应力转变；此外淬火钢脆性较高、残余淬火应力较大，因此，钢淬火后（除等温淬火件）必须马上进行回火处理。

回火是把淬火钢加热到 A_{c1} 点以下的某一温度，保温一定时间，然后冷却，获得较稳定组织及所需力学性能的热处理工艺。

淬火钢回火的目的是降低淬火应力和脆性，减少或消除内应力，防止工件变形或开裂；获得工件所要求的力学性能；稳定工件尺寸等。

1. 回火加热温度的选择

回火时由于回火温度决定了钢件的组织与性能,所以生产中一般以工件所需的硬度决定回火温度。根据回火温度的不同,常将回火分为低温回火、中温回火和高温回火三种。常用的回火方法及应用场合见表 3-13。

表 3-13 常用的回火方法及应用场合

回火方法	加热温度	获得组织	性能特点	应用场合
低温回火	150～250℃	回火马氏体（低碳马氏体+极细的碳化物）	具有较高的硬度和耐磨性,有一定的韧性,硬度可达 55HRC～64HRC	用于刃具、量具、冷冲模、拉丝模以及其他要求高硬度、高耐磨性的零件
中温回火	350～500℃	回火屈氏体（铁素体+细粒状渗碳体）	具有高弹性、屈服强度和适当的韧性,硬度可达 35HRC～45HRC	用于处理弹簧、发条等弹性零件和热锻模具等
高温回火	500～650℃	回火索氏体（多边形铁素体+球状渗碳体）	具有良好的综合力学性能(足够的强度与高韧性相配合),硬度一般为 25HRC～35HRC	一般用于处理连杆、轴类、齿轮、螺栓等重要的受力构件。另外,还可作为表面淬火和渗氮等的预先热处理

提示： 习惯上将淬火加高温回火称为调质处理。由于调质处理后工件可获得良好的综合力学性能,不仅强度较高,而且具有较好的塑性和韧性,这就为零件在工作中承受各种载荷提供了有利条件,因此,受力复杂的重要结构零件一般均采用调质处理,如枪管、炮管等。

2. 回火保温时间的确定

回火保温时间计算公式为

$$t_h = K_h + A_h D$$

式中,t_h——回火时间(min);

K_h——回火时间基数(min);

A_h——回火时间系数(min/mm);

D——工件有效尺寸(mm)。

表 3-14 为回火时间基数 K_h 和回火时间系数 A_h。在确定回火时间时,还应考虑合金元素的影响,合金元素使钢件的导热性变差,因此合金钢的回火时间应长一些。

表 3-14 回火时间基数 K_h 和回火时间系数 A_h

回火条件	300℃以下		300～450℃		450℃以上	
	电炉	盐炉	电炉	盐炉	电炉	盐炉
K_h/min	120	120	20	15	10	3
A_h/(min/mm)	1	0.4	1	0.4	1	0.4

3. 回火冷却方法的选择

一般来说,回火的冷却速度对钢件的组织与性能没有影响。但对于一些重要零件,为避免快冷产生新的热应力,常采用在空气中缓慢冷却。另外,为消除含铬、锰、镍等元素的合金钢的回火脆性,应采用在水中或油中快冷,再进行一次低温回火消除快冷形成的残余应力。

> **提示**:一般情况下,工件整个放入设备中进行回火,但有时工件的不同部位需要不同的硬度,应采用局部回火。局部回火可用两种方法:一种是将硬度要求低的部位在高温时快速回火,其他部位再进行低温回火;另一种是用高频或火焰局部加热快速回火。另外,也可利用工件内部的余热使淬硬部分回火,这种回火称为自回火。

3.4 钢的表面热处理

在机械设备中,许多零件是在冲击载荷、交变载荷及摩擦条件下工作的,如曲轴、齿轮、机床主轴等,它们要求表层具有较高的硬度、耐磨性及疲劳强度,而心部要具有足够的塑性和韧性。这一要求如果仅从选材方面解决十分困难,比如若用高碳钢,硬度高但心部韧性不够;若用低碳钢,心部韧性好但表面硬度过低。为了满足上述要求,实际生产中一般先通过选材和普通热处理满足心部的力学性能,然后再通过表面热处理的方法强化零件表面的力学性能,以达到零件"外硬内韧"的性能要求。常用的表面热处理分为表面淬火和化学热处理两类。

3.4.1 表面淬火

表面淬火是将工件表面快速加热到临界温度以上,使工件表层转变为奥氏体后快速冷却,从而使表面获得马氏体组织的热处理工艺。表面淬火只改变工件表层的组织,不改变表层的成分。表面淬火的加热方式可分为感应加热、火焰加热、电接触加热、电解加热、激光加热和电子束加热等,最常用的是前面三种。

> **提示**:表面淬火的关键是加热方法,必须要有较快的加热速度,加热速度应快到表面已奥氏体化而热量尚未充分传到工件心部。

1. 感应加热表面淬火

1)感应加热表面淬火的基本原理

感应线圈通以交流电时,在它的内部和周围会产生与电流频率相同的交变磁场。若把工件置于感应磁场中,则其内部将产生感应电流,并由于电阻的作用被加热。感应电流在工件截面上的分布并不均匀,靠近表面的电流密度最大,中心处几乎为零,如图3-14所示,这种现象叫作交流电的集肤效应。电流透入工件表层的深度主要与电流频率有关,电流频率越高,电流透入工件表层越薄。因此,通过选用不同频率可以得到不同的淬硬层深度。例如,对于淬硬层为2~5mm的工件,适宜的频率为2500~8000Hz;对于淬硬层为0.5~2mm的工件,常用频率为200kHz~300kHz;50Hz的频率适用于处理要求淬硬层为10~15mm以上的工件。

2)感应加热表面淬火适用的钢

感应加热表面淬火一般适用于中碳钢和中碳低合金钢,如45、40Cr、40MnB等,这些钢经预先热处理(正火和调质处理)后再进行表面淬火,其心部有较高的综合力学性能,表面也有较高的硬度(>50HRC)和耐磨性。

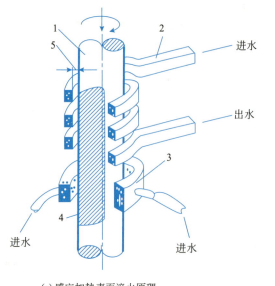 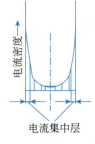

(a) 感应加热表面淬火原理　　　　　　(b) 涡流在工件截面上的分布

图 3-14　感应加热表面淬火示意图

1—工件；2—加热感应器；3—淬火喷水套；4—加热淬火层；5—间隙

3) 感应加热表面淬火的特点

用高频感应加热表面淬火，工件加热和组织转变的速度极快，一般只需几秒或几十秒。与一般淬火相比，淬火后的组织和性能有以下特点。

(1) 高频加热时钢件的奥氏体化在较大的过热度下进行，淬火加热温度在 A_{c3} 以上 80~150℃。因此，奥氏体晶核多，且不易长大，淬火后得到细小的马氏体组织，表面硬度高，而且脆性较小。

(2) 淬火后工件表层形成较大的残余压应力，有效地提高了工件的疲劳强度。小型工件的疲劳强度可提高 2~3 倍，大件可提高 20%~30%。

(3) 因加热速度快，没有保温时间，工件内部未被加热，所以工件氧化和脱碳少，淬火变形小。

由于以上特点，感应加热表面淬火在热处理中得到了广泛的应用。但感应加热表面淬火所用设备昂贵，处理形状复杂的工件比较困难。

2. 火焰加热表面淬火

1) 火焰加热表面淬火原理

火焰加热表面淬火过程是用乙炔—氧或煤气—氧等燃烧的火焰加热工件表面。火焰温度高达 3000℃ 以上，能将工件迅速加热到淬火温度，然后，立即用水喷射冷却，如图 3-15 所示。调节烧嘴的位置和移动速度，可以获得不同厚度的淬硬层。显然，烧嘴越靠近工件表面，移动速度越慢，获得的淬硬层深度越大。

2) 火焰加热表面淬火应注意的问题

合理调整氧、乙炔的混合比，保证在中性焰(氧气与乙炔比在 1~1.2)状态下进行加热。控制好喷嘴与工件表面的距离，一般为 6~15mm。靠得太近，易使工件过热；离得太远，加热较慢。

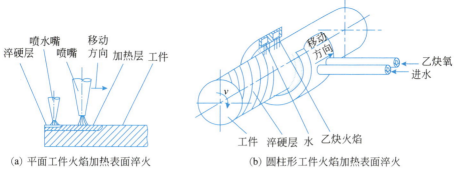

图 3-15 火焰加热表面淬火示意图

(a) 平面工件火焰加热表面淬火　　(b) 圆柱形工件火焰加热表面淬火

火焰加热表面淬火与感应加热表面淬火相比，具有设备简单、成本低等优点，但生产效率较低，工件表面有不同程度的过热，质量控制比较困难，因此主要适用于单件、小批生产及大型零件（如大型齿轮、轴、轧辊等）的表面淬火。

3. 电接触加热表面淬火

电接触加热表面淬火的原理如图 3-16 所示。用变压器产生低电压（2～5V）、大电流（400～750A），功率为 1.5～3kW。一极接工件，另一极接到石墨棒或紫铜滚轮电极上。通电时，工件与电极接触产生很大的短路电流，随即在电极与工件接触处产生很大的接触电阻，根据焦耳—楞次定律（$Q=0.24I^2Rt$），在接触面产生很大的热量，此热量使工件表面接触处迅速加热到淬火温度。操作时将电极以一定的速度移动，于是被加热的表面依靠工件本身的传热而迅速冷却下来，从而达到淬火的目的。淬硬层深度一般为 0.15～0.35mm。

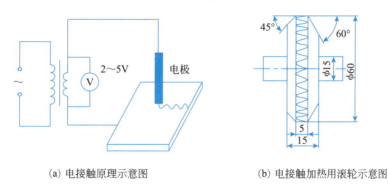

(a) 电接触原理示意图　　(b) 电接触加热用滚轮示意图

图 3-16 电接触加热表面淬火示意图

电接触加热表面淬火由于加热面积小，工件变形极小，不影响原来精度；淬火后不需要回火；设备简单，操作方便。目前主要用于机床导轨的表面淬火及内燃机汽缸套内壁淬火等。

3.4.2 钢的化学热处理

化学热处理是将钢件置于一定温度的活性介质中保温，使一种或几种元素渗入工件的表面，改变其化学成分和组织，从而达到改变工件的表面性能、满足技术要求的热处理工艺。按钢件表面渗入元素的不同，化学热处理可分为渗碳、渗氮、碳氮共渗（氰化）、渗硼、渗铝等。化学热处理能有效地提高钢件表层的耐磨性、抗蚀性、抗氧化性以及疲劳强度等。钢件表面化学成分的改变,依赖于介质元素在钢件中的扩散作用。

化学热处理过程包括介质的分解、钢件表面的吸收、渗入元素原子向钢件内扩散三个基本过程。这三个基本过程都与温度有关,温度越高,速度越快,扩散层也越厚,但温度过高会引起奥氏体的粗化,使钢件变脆。所以,化学热处理除选择合适的化学介质外,加热温度是很重要的参数。温度确定后,渗层厚度主要由保温时间控制。

目前生产中最常用的化学热处理工艺是渗碳、渗氮和碳氮共渗。

1. 渗碳

钢件的渗碳是指把钢件放在渗碳介质中加热和保温,使碳原子渗入表面的化学热处理工艺。渗碳是为了增加钢件表层的含碳量。

渗碳后的工件需经淬火及低温回火,才能使零件表面获得较高的硬度和耐磨性(心部仍保持较高的塑性和韧性),从而达到对零件"外硬内韧"的性能要求。

> 提示:渗碳只改变工件表面的化学成分。渗碳工件用低碳钢或低碳合金钢来制造,其工艺路线一般为:锻造—正火—机械加工—渗碳—淬火+低温回火。
>
> 一些承受冲击的耐磨零件,如轴、齿轮、凸轮、活塞等大都需要进行渗碳处理,但在高温下工作的耐磨件不宜进行渗碳处理。

根据渗碳介质的不同,可分为固体渗碳、气体渗碳和液体渗碳三种,其中应用最广泛的是气体渗碳。气体渗碳是将工件放在密封的渗碳装置中(见图3-17),加热到900~950℃,向炉内滴入易分解的有机液体(煤油、苯、甲醛等),或直接通入渗碳气体(如煤气、石油液化气等),通过一系列反应,产生的活性碳原子渗入钢件中使钢件表面渗碳。气体渗碳的优点是生产率高,劳动条件较好,渗碳过程可以控制,渗碳层的质量和渗碳件的力学性能较好。

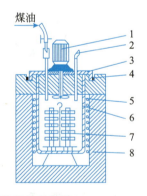

图3-17 气体渗碳装置及示意图

1—风扇电动机;2—废气火焰;3—炉盖;4—砂封;5—电阻丝;6—耐热罐;7—工件;8—炉体

渗碳工件所要求的渗碳层厚度,取决于工件的尺寸及工作条件,一般为0.5~2.5mm。例如,齿轮的渗碳层厚度是根据工作要求及模数等因素确定的。渗碳层厚度是由保温时间来控制的,一般可按每小时渗入0.2~0.25mm的速度估算。

一般工件渗碳后,其表面含碳量控制在0.85%~1.05%,含碳量从表面到心部逐渐减少,心部仍保持原来低碳钢的含碳量。渗碳的工件经淬火和低温回火处理后,表面可获得细针状回火马氏体和均匀分布的细小颗粒状渗碳体,硬度高达58HRC~64HRC;而心部获得的是铁素体和珠光体(某些低碳合金钢心部获得的是低碳回火马氏体和铁素体,硬度为30HRC～45HRC),具有良好的综合力学性能。

2. 渗氮

将氮原子渗入工件表层的过程称为渗氮或氮化,目的是提高工件的表面硬度、耐磨性、疲劳强度和抗蚀性。常用的渗氮方法主要有气体渗氮、液体渗氮及离子渗氮等。

渗氮只用于要求高耐磨和高精度的零件,如精密机床的丝杠、重要的阀门等。

3. 碳氮共渗

碳氮共渗就是同时向工件表面渗入碳和氮两种原子的化学热处理工艺,主要有液体碳氮共渗和气体碳氮共渗两种。它主要用于形状复杂、要求变形小的小型耐磨零件。

碳氮共渗后尚需淬火,然后低温回火。碳氮共渗的温度低,不会发生晶粒的明显长大,一般可采用直接淬火。碳氮共渗用钢件与渗碳用钢件完全一样,可以是低碳钢、低碳合金钢、中碳钢、中碳合金钢。碳氮共渗后工件硬度较高,耐磨性比渗碳效果更好,有更高的疲劳强度和抗蚀性。

3.4.3 表面淬火和化学热处理的比较

表面淬火、渗碳、氮化、碳氮共渗四种热处理工艺的特点和性能比较见表 3-15。在实际工作中,可以根据零件的工作条件、几何形状、大小等选用合适的表面热处理工艺。

表 3-15 表面淬火与化学热处理的比较

相关因素	表面淬火	渗 碳	氮 化	碳氮共渗
处理工艺	表面加热淬火及低温回火	渗碳淬火及低温回火	氮化	氰化、淬火及低温回火
表层深度/mm	0.5～7	0.5～2	0.3～0.5	0.2～0.5
生产周期	很短,只需几秒至几十秒	长,3～9h	很长,30～50h	短,1～2h
硬度/HRC	58～63	58～63	65～70 (1000HV～1100HV)	58～63
耐磨性	较好	良好*	最好	良好
疲劳强度	良好	较好	最好	良好
抗蚀性	一般	一般	最好	较好
热处理后变形	较小	较大	最小	较小

注: * 表示在受重载和严重磨损条件下使用。

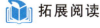
拓展阅读

典型零件热处理分析

1. 轴类零件

较大的轴类零件(如机床主轴、内燃机曲轴等)的热处理及工序安排为下料—锻造—正火—粗加工—调质—半精加工—局部表面淬火、低温回火—精磨。

正火可细化晶粒,调整硬度,改善切削加工性能;调质可得到较高的综合力学性能和疲劳强度;局部表面淬火和低温回火可获得局部的高硬度和耐磨性。

2. 齿轮

齿轮是各类机械、仪表中应用最广泛的传动零件,其作用是传递动力、改变运动速度和运动方向。只有少数齿轮受力不大,仅起分度定位作用。典型齿轮的热处理及工序安排如下。

(1) 机床齿轮

机床齿轮的热处理及工序为下料—锻造—正火—粗加工—调质—半精加工—高频感应加热表面淬火、低温回火—精磨。

正火处理可使组织均匀化,消除锻造应力,调整硬度,改善切削加工性能;调质处理可使齿轮具有良好的综合力学性能,提高齿轮心部的强度和韧性,使齿轮能承受较大的弯曲应力和冲击载荷,并减小淬火变形;高频感应加热表面淬火可提高齿轮的表面硬度和耐磨性,提高齿面接触疲劳强度;低温回火是在不降低表面硬度的情况下消除淬火应力,防止产生磨削裂纹和提高齿轮抗冲击的能力。

(2) 汽车、拖拉机齿轮

汽车、拖拉机齿轮的热处理及工序为下料—锻造—正火—机加工—渗碳淬火、低温回火—喷丸—精磨。

正火可使组织均匀,调整硬度,改善切削加工性能;渗碳可提高齿面的含碳量;淬火可提高齿面硬度并获得一定的淬硬层深度,提高齿面耐磨性和接触疲劳强度;低温回火可消除淬火应力,防止磨削裂纹,提高冲击抗力;喷丸处理可提高齿面硬度1HRC~3HRC,增加表面残余压应力,从而提高接触疲劳强度。

3.5 任务与实施

任务1 钢件的退火和正火

1. 任务内容

分别对Q235钢、45钢、T8钢、T10钢进行退火和正火。

2. 任务目标

(1) 熟悉常用热处理设备的基本结构,学会使用热处理设备。
(2) 学会对碳钢件的退火、正火热处理操作。
(3) 归纳退火、正火对钢件力学性能的影响规律。

3. 任务实施器材

箱式电阻炉及温度控制仪表、洛氏硬度计、布氏硬度计、夹钳、试样(Q235钢、45钢、T8钢、T10钢)。退火和正火实践用部分器材如图3-18所示。

4. 任务实施

(1) 备好试样:Q235钢、45钢、T8钢、T10钢9组,各试样应预先打上编号。
(2) 切断炉子电源,检查炉内是否有试样以及仪表接线是否正常,如图3-19所示。
(3) 根据试样成分及有效尺寸确定退火及正火的加热温度及保温时间。
(4) 接通箱式电阻炉电源,通过温度控制器设定好预定温度,如图3-20所示。
(5) 空炉升温,到达预定温度后切断电源将试样放入炉中,如图3-21所示。
(6) 关闭炉门,通电升温加热,达到预定温度后开始记录保温时间。

(7) 到达规定的保温时间后,切断电源按工艺要求进行随炉冷却或取出后在空气中冷却。

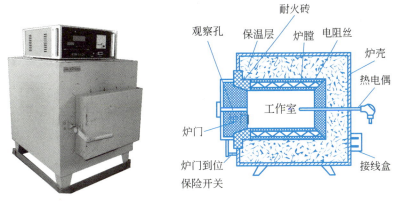

(a) 箱式电阻炉及结构示意图

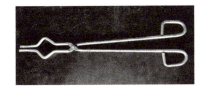
(b) 夹钳

(c) 钢件试样

图 3-18　退火和正火实践用部分器材

图 3-19　检查炉内及仪表接线

图 3-20　调整温度控制器设定温度

(a) 切断电源

(b) 将试样放入炉中

图 3-21　切断电源放入试样

(8) 试样冷透后,用砂纸擦去表面氧化皮,在布氏硬度计上测定硬度值,将结果记录于表 3-16 中。

表 3-16　钢件的退火、正火实践记录

牌号	加热温度/℃	保温时间/min	冷却方式	硬度/HBW

(9) 操作注意事项。

① 操作前,应先熟悉零件的技术要求及热处理设备的操作规程,严格按照工艺规程操作。

② 操作时必须注意安全。电炉、测温仪表等,必须有可靠的绝缘及接地,在装取试样时一定要切断电源,以防触电。在操作过程中应戴手套,以防烫伤。

③ 取放试样用的夹钳必须干燥。每次取试样时动作要迅速,开、关炉门应快速,打开时间不要过长,以免伤害炉膛材料和影响电阻丝使用寿命。

④ 不同材料的试样应做标记,以防混淆。

⑤ 试样加热时,应放置在距热电偶最近处,使指示炉温与实际炉温相差最小。

⑥ 测试硬度前应将试样擦干并用砂纸打磨干净,表面不得带有油脂、氧化皮。

⑦ 试样加热过程中要观察炉温变化,并记录各试样的加热时间。

任务 2　钢件的淬火和回火

1. 任务内容

分别对已经过退火或正火的 Q235 钢、45 钢、T8 钢、T10 钢进行淬火和回火。

2. 任务目标

(1) 学会对钢件的淬火、回火热处理操作。

(2) 归纳淬火、回火对钢件力学性能的影响规律。

3. 任务实施器材

箱式电阻炉及温度控制仪表、洛氏硬度计、布氏硬度计、淬火水槽和油槽、淬火介质(水、盐水、油)、夹钳、试样(退火或正火状态的 Q235 钢、45 钢、T8 钢、T10 钢)。

4. 任务实施

(1) 备好试样:退火或正火状态的 Q235 钢、45 钢、T8 钢、T10 钢 9 组。

(2) 切断炉子电源,检查炉内是否有试样以及仪表接线是否正常。

(3) 根据试样成分及有效尺寸确定淬火的加热温度及保温时间,并记录在表 3-17 中。

(4) 分别测量各试样的布氏硬度并记录在表 3-17 中。

(5) 接通箱式电阻炉电源,通过温度控制器设定好预定温度。

表 3-17　不同钢件淬火记录

牌号	淬火前硬度	加热温度/℃	保温时间/min	冷却方式	硬度
Q235				油	
				水	
				盐水	
45				油	
				水	
				盐水	
T8				油	
				水	
				盐水	
T10				油	
				水	
				盐水	

（6）空炉升温，到达预定温度后切断电源将试样放入炉中。

（7）关闭炉门，通电升温加热，达到预定温度后开始记录保温时间。

（8）到达规定的保温时间，切断电源用夹钳将试样取出后迅速置于淬火介质中淬火（9组试样中3组在水中、3组在盐水中、3组在油中），防止温度下降，如图3-22所示。

图 3-22　取出试样置于淬火介质中淬火

（9）试样充分冷透后，用砂纸擦去表面氧化皮，在洛氏硬度计上测定硬度值，将结果记录在表 3-17 中。

（10）将淬火合格的试样（即硬度与附录 D 所示接近、无裂纹等）挑出分别进行低温、中温、高温回火处理。

① 确定低温、中温、高温回火的温度和保温时间，并记录在表 3-18 中。

表 3-18　不同钢件回火记录

牌号	淬火后硬度	回火温度/℃	保温时间/min	硬度
Q235				

续表

牌号	淬火后硬度	回火温度/℃	保温时间/min	硬度
45				
T8				
T10				

② 检查热处理炉,并设置炉温。

③ 接通电源,空炉升温,到达预定温度后切断电源将淬火试样分别放入低温、中温、高温回火炉中。

④ 关闭炉门,通电升温加热,达到预定温度后开始记录保温时间。

⑤ 到达规定的保温时间,切断电源用夹钳将试样取出冷却。对于碳钢,回火的冷却速度对钢件的组织与性能没有影响,故可以任意冷却。

(11) 回火处理完成后,在洛氏硬度计上测定硬度值,将结果记录在表 3-18 中。

(12) 操作注意事项。

① 操作前,应先熟悉工件的技术要求及热处理设备的操作规程,严格按照工艺规程操作。

② 操作时必须注意安全。电炉、测温仪表等,必须有可靠的绝缘及接地,在装取试样时一定要切断电源,以防触电。在操作过程中应戴手套,以防烫伤。

③ 取放试样用的夹钳必须干燥。每次取试样时动作要迅速,开、关炉门应快速,打开时间不要过长,以免伤害炉膛材料和影响电阻丝使用寿命。

④ 试样在淬火前应将夹钳预热,并迅速夹住试样置于淬火介质中冷却。试样在淬火介质中应不停地搅动,以使其均匀快速冷却。

⑤ 不同材料的试样应做标记,以防混淆。

⑥ 试样加热时,应放置在距热电偶最近处,使指示炉温与实际炉温相差最小。

⑦ 测试硬度前应将试样擦干并用砂纸打磨干净,表面不得带有油脂、氧化皮。

⑧ 试样加热过程中要观察炉温变化,并记录各试样的加热时间。

3.6 复习思考题

1. 名词解释

钢的热处理　退火　正火　淬火　回火　淬透性　淬硬性　表面淬火　表面化学热处理　调质处理

2. 填空题

(1) 在钢的热处理方法中,普通热处理有_____、_____、_____和_____四种,表面热处理通常分为_____和_____。

(2) Fe-Fe₃C 状态简图上的 SE 线用代号_____表示;GS 线用代号_____表示;共析线是 PSK 线用代号_____表示。在实际生产中,通常把钢在加热时的临界点用_____、_____、_____表示,冷却时的临界点用_____、_____和_____表示。

(3) 钢在加热时的奥氏体晶粒越细,冷却后得到的组织越_____。

(4) 在热处理生产中,常用的冷却方式有_____和_____两种。

(5) 分别填出下列钢中组织的符号:奥氏体_____;铁素体_____;渗碳体_____;珠光体_____;下贝氏体_____;马氏体_____。

(6) 过冷奥氏体是指在_____温度以下存在的奥氏体,它处于_____状态。

(7) T8 钢的过冷奥氏体在不同温度等温冷却后获得的产物分为_____、_____和_____三类。

(8) 马氏体含碳量越多,马氏体的硬度越_____。

(9) 马氏体形成时体积要_____,会产生很大的_____,这是造成钢在热处理时变形、开裂的主要原因。

(10) 马氏体有两种形式:一种是_____(高碳),其性能为_____高,脆性大;另一种是_____(低碳),它不仅_____较高,而且_____和_____也较好。

(11) 将钢加热到适当的温度,保持一定时间后,_____冷却的热处理工艺称为退火。

(12) 常用的退火方法有_____、_____、_____、_____和_____等。

(13) 完全退火的加热温度为_____,主要用于_____钢;球化退火的加热温度为_____,主要用于_____钢。

(14) 将钢加热到_____,保温适当的时间,通常在_____中冷却的热处理工艺称为正火。

(15) $\omega_C<0.80\%$ 钢的淬火加热温度为_____,$\omega_C \geqslant 0.80\%$ 钢的淬火加热温度为_____。

(16) 常用的淬火介质是_____、_____、_____及盐或碱的水溶液。

(17) 常用的淬火方法有_____、_____、_____和_____等。

(18) 水(油)淬火方法操作简便,但水淬容易使工件产生_____,油淬冷却慢,工件不易_____。

(19) 在热处理生产中,由于淬火工艺控制不当,常会产生_____、_____、_____、_____、_____等缺陷。

(20) 钢的回火方法有_____、_____、_____三种。

(21) 生产上常用表面热处理或化学热处理的方法,使工件表面具有高的_____、_____、_____,而心部具有足够的_____和_____。

(22) 常用表面淬火有_____表面淬火、_____表面淬火和_____表面淬火,化学热处理包括_____、_____、_____及_____等。

3. 判断题

(1) 各种热处理工艺过程都是由加热、保温、冷却三个阶段组成的。（　）

(2) 任何成分的钢加热到 A_{c1} 点以上温度时，都会发生珠光体向奥氏体的转变。（　）

(3) 奥氏体等温转变温度越高，其转变产物的硬度越高。（　）

(4) 下贝氏体不仅强度、硬度高，塑性、韧性也较好。（　）

(5) 马氏体的硬度都很高，脆性都很大。（　）

(6) 冷处理是将钢冷却到室温后再继续冷至零度，从而尽量减少钢中的残余奥氏体。（　）

(7) 正火冷却速度比退火稍快，故正火的组织较细，正火钢件的强度、硬度比退火高。（　）

(8) 无论采用何种淬火方法，得到的组织都是马氏体。（　）

(9) 碳钢的含碳量越高，其淬火加热温度也越高。（　）

(10) 形状简单的碳钢件一般用水淬，合金钢件常用油淬。（　）

(11) 淬透性较好的钢件淬火后硬度一定很高。（　）

(12) 调质钢的强度、塑性和韧性都高于正火钢。（　）

(13) 火焰表面淬火具有设备简单、淬火质量稳定等特点。（　）

(14) 钢的表面热处理能改变钢的表面化学成分、组织和性能。（　）

4. 选择题

(1) 钢中的网状渗碳体可通过（　）消除。
　　A. 正火　　　　B. 完全退火　　　C. 球化退火

(2) 淬火介质的冷却速度必须（　）临界冷却速度，才能使奥氏体转变为马氏体。
　　A. 大于　　　　B. 小于　　　　　C. 等于

(3) 钢件等温淬火后获得（　）组织。
　　A. M　　　　　B. P　　　　　　C. $B_下$

(4) 影响淬透性的主要因素是（　）；影响淬硬性的主要因素是（　）。
　　A. 钢的含碳量　B. 钢的临界冷却速度　C. 淬火介质

(5) 钢的临界冷却速度越大，淬透性（　）。
　　A. 越好　　　　B. 越差　　　　　C. 不变

(6) 钢的回火处理一般在（　）后进行。
　　A. 淬火　　　　B. 正火　　　　　C. 退火

(7) 淬火后的刀具、量具应选用（　）；轴应选用（　）；弹性零件应选用（　）。
　　A. 低温回火　　B. 中温回火　　　C. 高温回火

(8) 淬火钢回火时，加热温度越高，其冷却后硬度（　）。
　　A. 越高　　　　B. 越低　　　　　C. 不变

(9) 感应加热表面淬火所用交流电的频率越高，所得淬硬层深度（　）。
　　A. 越深　　　　B. 越浅　　　　　C. 不变

5. 简答题

(1) 画出 $Fe-Fe_3C$ 状态图简图，并简要说明：随含碳量增多，钢在室温时的平衡组织与性能的变化规律。

(2) 淬火的目的是什么？

(3) 回火的目的是什么？

(4) 退火和正火的目的是什么？

(5) 说明图 3-23 中的冷却曲线 1、2、3、4 所表示的淬火方法。

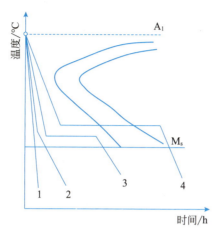

图 3-23　冷却曲线

6. 应用实践题

(1) 为了获得良好的切削加工性能，选择适合下列零件的热处理方法。

用碳的质量分数为 0.2% 的钢制作的短轴（　　）；用碳的质量分数为 1.0% 的工具钢制作的刀具毛坯（　　）；用碳的质量分数为 0.5% 的钢制作的制动轮毛坯（　　）。

　　A. 完全退火　　　　B. 球化退火　　　　C. 正火

(2) 某齿轮要求表面硬且耐磨，心部具有良好的韧性，可采用（　　）。

　　A. 碳的质量分数为 1.2% 的钢淬火后低温回火

　　B. 碳的质量分数为 0.45% 的钢调质处理

　　C. 碳的质量分数为 0.2% 的钢渗碳后淬火再低温回火

(3) 某零件工作时受力较大，要求强度、硬度高，韧性良好，材料用 50 钢。其工序为下料—锻造—（　　）—机加工—（　　）—（　　）—氧化。

　　A. 退火　　　B. 正火　　　C. 淬火　　　D. 回火　　　E. 渗碳

(4) 根据 Fe-Fe_3C 状态图简图，简要分析下列现象的原因。

① 碳的质量分数为 1.2% 的碳钢比碳的质量分数为 1.0% 的碳钢的耐磨性好，强度却低。

② 绑扎物件一般用铁丝（即镀锌低碳钢丝），而吊重物却要用碳的质量分数为 0.6%～0.75% 的钢制成的钢丝绳。

(5) 钢淬火时既要得到马氏体组织，又要尽量降低内应力，防止淬火变形、开裂，你认为最理想的冷却方式应该怎样，并在 C 曲线中画出理想冷却曲线。

(6) 请完成图 3-24 等温转变曲线中各区域的组织填写，并判断分别按图中 1、2、3、4 冷却速度冷至室温时获得的最终组织。

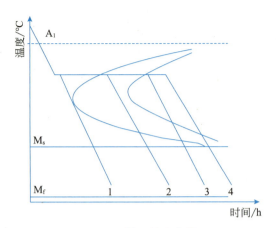

图 3-24 等温转变曲线

(7) 45 钢经调质后硬度偏高,能否依靠减慢回火的冷却速度使其硬度降低?为什么?

(8) 某弹簧用弹簧钢丝 60Mn 冷缠而成,其加工工艺路线为:下料—冷缠—热处理,试说明工艺路线中热处理工序的名称和目的。

(9) 用 50 钢制造一批 $\phi 5 \times 20$mm 的销子,要求硬度全部达到 37HRC～44HRC,其加工工艺路线为:下料—切削加工—热处理—磨削。试说明工艺路线中热处理工序的名称和目的。

(10) 某齿轮要求具有良好的综合力学力能,表面硬度为 50HRC～55HRC,用 45 钢制造,加工工艺路线为:下料—锻造—热处理(1)—粗加工—热处理(2)—精加工—热处理(3)—精磨。试说明工艺路线中各个热处理工序的名称和目的。

(11) 钢锉采用 T12 钢制造,硬度为 60HRC～64HRC,其加工路线为:热轧钢板下料—正火—球化退火—机械加工—淬火、低温回火—校直。试说明工艺路线中各个热处理工序的目的。

(12) 项目实践分析思考。

① 相同牌号的钢退火和正火后硬度有何差异?试分析其原因。

② 经过正火处理的 Q235、45、T8、T10 钢硬度有何差异?试分析其原因。

③ 相同牌号的钢在不同淬火介质中淬火后硬度有何差异?试分析其原因。

④ 盐水中淬火的不同钢硬度有何差异?试分析其原因。

⑤ 经过不同回火工艺处理的 Q235、45、T8、T10 钢硬度有何差异?试分析其原因。

(13) 课外调研:请收集装备维修中常见的易损零件和工具,并结合本项目学习内容,对其失效形式加以分析,从材料选择和热处理加工工艺方面提供改善建议。

项目 4　金属表面清洁处理

项目要求

本项目介绍清洁金属表面的常用方法。通过对金属零件表面的油脂、锈迹、旧漆的清除，使零件获得清洁的金属基体表面，帮助学生掌握正确配制除油碱液、酸洗液的方法，熟练使用喷砂设备，并能合理使用以上清洗液或设备清洁金属表面。

知识要求：
(1) 掌握除油、除锈和除漆的作用和常用方法。
(2) 列举常用除油碱液配方，并描述常用除油工艺。
(3) 列举常用酸洗液配方，并描述常用酸洗工艺。

技能要求：
(1) 会配制除油碱液，并用碱液去除金属零件表面油脂。
(2) 会配制酸洗液，并用酸洗液去除金属零件表面的锈迹。
(3) 会使用喷砂设备清除金属零件表面的锈迹和旧漆。

知识要点框架

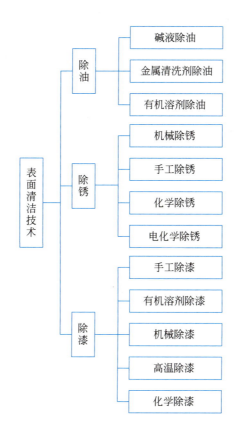

4.1 除油

金属材料或工件在运输、加工、存放、使用过程中,表面往往带有氧化皮、铁锈、残留的型砂、尘土及油脂等污物,这些污物将直接影响材料或工件的装配、使用,甚至降低它们的力学性能和使用寿命。对于需要在表面涂装保护层的金属件而言,同样需要清洁金属基体表面,为获得高质量的保护涂层作准备,否则会影响表面涂层与基体的结合力和耐腐蚀性能,无法得到与基体结合牢固、致密、外观平整光滑的涂层,反而会加快金属件的腐蚀。因此,在装备的加工制造和维修保养中,经常需要对金属件表面进行除油、除锈、除旧漆等清洁处理。

金属表面除油是表面清洁技术中的重要环节,除油是否彻底不但影响到下一个工序的操作,而且影响整个产品的质量和寿命。金属表面的油脂有的是从加工过程中带来的,有的是储存运输过程中为了防腐而涂上的油脂,使用过程中也有部分油脂会沾附在零件表面。

常用除油方法分为碱液除油、金属清洗剂除油和有机溶剂除油等。

4.1.1 碱液除油

碱液除油是利用化学药品的皂化作用或乳化作用将零件表面的油脂去除,也称化学除油。皂化是指油脂与除油液中的碱起化学反应生成肥皂的过程。皂化反应使原来不溶于水的皂化性油脂变成能溶于水(特别是热水)的肥皂和甘油。

> **提示**:碱液除油主要用于一般零件的除油。由于碱对金属有一定的腐蚀作用,所以一般不用于高精密零件的清洗。

除油碱液通常是由几种物质搭配而成,依照油污程度和金属表面情况,选择不同的碱液配方。常用碱有氢氧化钠(又称苛性钠、烧碱)、碳酸钠、磷酸钠等,乳化剂常用水玻璃(硅酸钠)、OP乳化剂等。表4-1为钢铁零件常用除油碱液配方和工艺。

表 4-1 钢铁零件常用除油碱液配方和工艺

配方	钢铁及铸件				粗糙表面的钢铁件
	1(少量油污)	2(中等油污)	3(重度油污)	4(通用)	
氢氧化钠(NaOH)/(g/L)	20~30	20~35	35~50	50~100	20~50
碳酸钠(Na_2CO_3)/(g/L)	—	50~90	70~100	20~50	—
磷酸钠(Na_3PO_4)/(g/L)	30~50	—	—	10~40	20~40
水玻璃(Na_2SiO_3)/(g/L)	3~5	3~10	6~15	2~10	3~10
工作温度/℃	80~90	70~90	80~90	70~95	70~90
浸泡时间/min	10~40	10~30	10~30	10~30	10~30

碱液除油有很多种方法,如手工清洗、浸渍清洗、电解清洗、超声波清洗等,其应用最普遍的是浸渍法。各种常用碱液除油方法的适用范围和特点见表4-2。

表 4-2 各种常用碱液除油方法的适用范围和特点

方法	适用范围	特点	清洗设备
手工清洗	适用于小批量或尺寸很大、其他方法不便处理的零件	方法简便灵活,不受条件限制。碱液浓度和操作温度都不可过高,应注意防止碱液伤害皮肤和眼角膜	刷子或布
浸渍清洗	适用于形状复杂,具有封闭内腔的中小零件	设备结构简单,维修方便,可用高碱度溶液,允许含有较多的表面活性剂,处理时间要求较长,温度较高	浸渍槽
电解清洗（又称电化学清洗）	适用于各种形状及大小的零件	可用普通电解槽,在高浓度碱液及高温下进行清洗。采用周期换向清洗可以加速清洗过程,清洗质量较高	电解槽
超声波清洗	适用于有狭缝、盲孔、细螺纹等复杂形状的零件,包括压铸件和精加零件	可除去如抛光膏、蜡类、金属碎屑等难溶的油污,清洗速度较快、效果好,设备费用较高	超声波清洗机

提示：以上碱液除油的方法在使用时并不是截然分开、单独使用的,为了达到更好的清洗效果,可根据实际情况采用多种方法混合使用。比如在浸渍清洗时,可以用手工搅拌或在浸渍槽中安装搅拌桨进行机械搅拌,必要时还可用超声波振荡来强化浸渍效果,提高除油效率。

4.1.2 金属清洗剂除油

金属清洗剂是以表面活性剂为主配置的清洗液,因此金属清洗剂除油又称为表面活性剂清洗。表面活性剂具有良好的润湿、渗透、浮化、加溶、分散等性能,能有效去除油污,是目前应用较广泛的除油方法。

为了方便使用,提高清洗除油效果,常用多种表面活性剂和助剂等配制成适用于不同金属材料和油污的金属清洗剂,见表 4-3。

提示：常用金属清洗剂可以在市面上直接购买,按使用说明中提示的操作方法和适用范围使用即可。

表 4-3　金属清洗剂的配方和清洗规范举例

序号	溶液配方	主要工艺参数	适用范围
1	105 清洗剂:0.5% 6501 清洗剂:0.5% 水:余量	清洗温度:85℃ 清洗压力:0.1MPa 清洗时间:1min	主要适用于清洗钢件表面以机油为主的油垢和机械杂质
2	664 净洗剂:0.2% 清洗温度:75℃	水:余量 浸洗:上下窜动 清洗时间:3~4min	主要适用于清洗钢件表面的硬脂酸、石蜡、凡士林
3	6501 清洗剂:0.2% 6503 清洗剂:0.2% 油酸三乙醇胺:0.2% 水:余量	清洗温度:35~45℃ 超声波清洗:(工作频率 17kHz~21kHz) 清洗次数:4~5 次	主要适用于清洗精加工钢铁工件表面的矿物油和研磨膏残留物
4	平平加清洗剂:1.0%~1.5% 水:余量	清洗温度:60~80℃ 浸洗:上下窜动 清洗时间:5min	主要适用于清洗钢件、铝及铝合金、镀锌件表面的一般油脂

4.1.3　有机溶剂除油

有机溶剂除油是利用有机溶剂对油脂的物理溶解作用而除油。常用的有机溶剂有煤油、汽油、苯类、酮类、某些氯化烷烃、烯烃等。有机溶剂除油一般在室温下采用浸渍清洗和喷射清洗,也可手工清洗。

有机溶剂除油的特点是能除去各类油脂,除油速度快、效率高,对金属表面无腐蚀,但多数情况下除油不彻底,因为溶入溶剂中的油在溶剂挥发后会部分残留在被清洗的表面。因此对于除油要求严格的表面,在有机溶剂除油后,还须采用其他除油方法进行补充处理,才能将油污彻底清除。同时有机溶剂易燃或有毒,且价格高于碱液,因此应用不及碱液除油广泛。

4.2　除锈

暴露于大气、水和地下装置中的无防护金属件,由于存在氧、水及其他腐蚀介质,会引起金属的腐蚀。人们习惯把金属表面由腐蚀引起的变色和松动等现象称为"生锈",其腐蚀产物统称为"锈",在清洁表面时必须将其彻底清除。常用除锈方法有机械除锈、手工除锈、化学除锈和电化学除锈等。

> 提示:零件经锻造、热处理或加工工序间的停留,会产生氧化铁皮、红锈或其他氧化膜,这些也称为锈。

4.2.1　机械除锈

常用的机械除锈的方法有喷砂、刷光、磨光、抛光及滚光等,见表 4-4。机械除锈对零件的尺寸、粗糙度都有不同的影响,特别是喷砂、刷光影响最大。因此,精密件及粗糙度要求较高的零件,应特别注意,不能随意使用。

表 4-4 机械除锈的常用方法

方法	除锈原理	设备实物图
喷砂	压缩空气将直径小于 3.5mm 的石英砂喷射到零件表面,利用砂子的冲击力将锈除去。除了一些精密件或有特殊要求外,其他零件均可使用,工业上应用较广泛	喷砂机
刷光	在装有铜丝或钢丝轮的抛光机上,利用转动轮子上的金属丝刷去零件的锈蚀,或用钢丝刷、铜丝刷靠手工刷去零件的锈蚀	
磨光	利用装在抛光机上的磨光布轮磨去零件的锈蚀。布轮用粗布,轮缘上用30%的牛胶粘固一层金刚砂。在没有磨光设备或单件生产时常用砂布打磨	抛光机
抛光	利用抛光机上的布质或呢子抛光轮对零件进行磨削,除去轻度氧化皮,提高零件的粗糙度等级。为提高抛光速度,常使用抛光膏。抛光后,黏附于零件表面的抛光膏可用汽油洗去	
滚光	将零件与磨料装入转动的滚筒内,借助滚筒滚动过程中零件与磨料间的摩擦,去除零件的锈、毛刺等。滚光分干法滚光与湿法滚光。干法滚光磨料用砂子、金刚砂、碎玻璃及碎皮革等。湿法滚光磨料用钢珠、碎石块、锯末等再加碳酸钠溶液、肥皂水或煤油等	滚光机

4.2.2 手工除锈

用钢丝轮、钢丝刷、铜丝刷、砂布等靠手工刷或用砂布打,去掉零件上的锈蚀,称为手工除锈。手工除锈效率低,质量差,操作环境恶劣,劳动强度大,一般只能除去疏松的铁锈和失效的旧漆层,并不能除去所有的氧化皮。但是手工除锈工艺简单,费用低廉,故适用于小面积除锈。图 4-1 所示为手工除锈常用工具。

(a) 钢丝刷

(b) 铜丝刷

(c) 砂布

图 4-1 手工除锈常用工具

4.2.3 化学除锈

化学除锈又称酸洗,酸洗除锈能力强,效率高,适合于大批零件的处理。酸洗时所用酸液浓度根据零件锈蚀的程度与零件表面光洁度而定。锈蚀严重、表面有黑氧化皮的零件,应用较浓的酸液;只有发蓝膜、磷化膜或轻微氧化膜的金属,则用浓度较稀的酸液。酸洗时除了锈被溶解外,金属本身也会遭到不同程度的腐蚀。酸蚀中析出的氢还会渗入金属内部形成氢泡,使金属内部产生很大的内应力,导致金属变脆,这种由于氢所造成的脆性称为氢脆。为防止零件被腐蚀及氢脆的产生,往往在酸洗液中加入一定量的缓蚀剂(见表4-5)。酸洗常用的酸有盐酸、硫酸、磷酸等,配制比例见表4-6。

> **提示**:缓蚀剂吸附在纯净的金属表面,隔离酸液与金属基体,从而减少或防止金属的腐蚀与氢脆,同时又不影响除锈。

表 4-5 酸洗时常用的缓蚀剂

序号	缓蚀剂名称	添加量/(g/L)	缓蚀效率/%	
			在 $10\%H_2SO_4$ 中	在 $10\%HCl$ 中
1	KC(磺化猪血)	4	60	—
2	硫脲	4	74	—
3	乌洛托品+As_2O_2	5+0.075	93.4	89.2
4	若丁	5	96.3	91.5
5	五四牌缓蚀剂	4	9	60

表 4-6 常用酸洗液

序号	成分/(每升水中加入量:g)	温度/℃	时间	适用范围	备注
1	盐酸 100~120 或 硫酸 120~250	室温	约 0.5min	钢铁与有色金属的弱洗	钢铁与有色金属应分槽
2	硫酸 100~200 盐酸 100~200				
3	盐酸 150~360	室温或 40~50	除净为止	钢铁的强洗	酸洗后零件较光洁
4	硫酸≥150				去氧化皮能力较强
5	磷酸 80~120	70~85	5~15min	钢铁与有色金属的弱洗	—

4.2.4 电解除锈

电解除锈又称"电化学除锈",其基本原理和电解除油类似,利用锈与金属界面上的电解反应,使产生的气体在逸出过程中对锈层形成较强的剥离作用,从而使锈剥离去除。

电化学除锈的优点是除锈速度快,除锈液消耗小,而且寿命长;缺点是耗费电能,对形状复杂的零件,因电解液的分散能力低,除锈效果要差一些。

4.3 除漆

装备在长期的储存、使用、维护过程中,往往因为各种腐蚀介质的侵蚀,或者机械的磨损、破坏,使表面的油漆出现龟裂、起皮、鼓泡、脱落等现象,导致油漆失去装饰和防护的功能。在这种情况下需要进行重新上漆,在重新上漆之前,需要先清除旧的油漆层,以保证重新上漆的质量。

清除金属表面油漆层的方法有很多,主要有手工除漆、机械除漆、高温除漆、有机溶剂除漆以及化学除漆等。图 4-2 所示为手工除漆与机械除漆。

图 4-2　手工除漆与机械除漆

4.3.1　手工除漆

手工除漆最简单的是使用砂纸或者砂布擦拭旧漆膜。在防护性漆膜局部破损、失效或粉化时,可用砂纸把需要打磨的局部漆层清除干净,然后重新补涂。手工除漆操作劳动强度大,施工条件差,而且效率低,所以只有在其他方法不能替代的情况下,或者除漆工件量少,手工法容易达到清除漆膜的情况下才会使用。

4.3.2　机械除漆

机械除漆的方法很多,手工工具打磨、电动工具打磨、喷砂、喷丸、高压水或高压水加磨料喷射等,都可以有效去除旧漆膜。

喷砂法适用于韧性小、性脆的漆膜清除,也适合旧漆大部分脱落、龟裂后的清除。对于韧性良好的漆层,用喷砂法清除时效率较低,也很难彻底清除,因为喷到表面的砂粒大部分被有一定弹性的漆膜弹回,所以无法除净。

高压水喷射除漆既可以去除脆性的旧漆膜,也可以去除有一定弹性的旧漆膜。高压水喷射无尘、无污染,可以在专用的车间内施工,也可以到现场施工。工作效率高,质量有保证,对施工者身体无毒害。

4.3.3　高温除漆

漆膜是由油料和各种树脂及无机填料构成的,这些油料或树脂在高温情况下会燃烧而焦化。因此在一般的情况下都可以通过高温燃烧将漆膜燃烧碳化后清除。有些油漆由于无机填料太多,相对油料或树脂较少,也有的漆膜因添加了阻燃剂等不易燃烧焦化,但这类漆膜在高温下也会焦软、起泡,可在燃烧后用刮刀将漆膜刮除。有的金属基体、漆膜以及中间的杂质热膨胀系数不同,加上吸收的水分因迅速气化而产生的压力,容易使漆膜鼓起甚至破裂而剥离。火焰燃烧留下的焦化物、氧化皮及铁锈等,要用刷子或刮刀除掉。

高温除漆的方法主要有喷灯火焰除漆、氧-乙炔火焰除漆和高温燃烧炉除漆等。

4.3.4　有机溶剂除漆

有机溶剂对多数的漆膜能起溶解、溶胀作用,使金属表面的漆膜清除。许多旧漆膜都能溶解、溶胀于某种有机溶剂中,当脱漆剂渗入漆膜高聚物的高分子链段间隙后,会引起高聚物的溶胀,使漆膜的体积不断变大,体积扩大的内应力使漆膜对金属表面的附着力不断减弱直至破坏。漆膜会鼓起皱折直至与基体脱离开,即使未分开也可以用手或工具很容易地把漆膜撕掉。

4.3.5 化学除漆

化学除漆法分为碱液除漆和酸液除漆。由于酸液除漆要求酸有很强的氧化能力,能破坏高分子材料中各组分并起化学作用,也可以破坏高分子材料的结构,甚至产生焦化作用,所以酸液除漆速度快,效率高。但是由于强酸的破坏作用极强,会不可避免地对金属基体和除漆设备产生严重的腐蚀,需要对金属基体和除漆设备采取特别的防护措施,因此化学除漆法大多采用的是碱液除漆。表 4-7 为常用的除漆碱液配方。

表 4-7 常用的除漆碱液配方

化学成分	含量(质量分数)/%									
氢氧化钠	77	20	16	—	20	—	—	—	—	—
碳酸钠	10	—	—	2	—	14	4~7	6	8	8
硅酸钠	—	16	—	3	—	—	—	—	—	—
生石灰	—	—	18	—	—	16	12~15	36	12	—
亚硫酸钠	—	—	—	3	—	—	—	—	—	—
甲酚钠	5	—	—	—	—	—	—	—	—	—
多羟醇	5	—	—	—	—	—	—	—	—	—
碳酸钙	—	—	22	—	—	—	6~10	—	—	—
白垩粉	—	—	—	—	20	20	—	—	—	12
面粉糨糊	—	33	—	—	—	—	—	—	—	—
脂肪酸皂	—	—	—	2	—	—	—	—	—	—
调和油	—	—	—	10	—	—	—	—	—	—
柴油	—	—	—	—	—	—	—	10	—	—
表面活性剂	3	—	—	—	—	—	—	—	—	—
水	—	23	34	余量	60	50	70~80	48	80	80

与有机溶剂除漆相比,化学除漆成本比较低,不易挥发,使用相对安全,对人体及环境的损害较小,但大多数碱液除漆剂在使用时需要加热,而且要有专用的除漆槽和清洗槽,并附有加热装置等。

4.4 任务与实施

1. 任务内容

(1)用除油碱液和酸洗液清洁金属零件表面。

(2)对金属零件表面进行喷砂清洁。

2. 任务目标

(1) 清楚除油碱液和酸洗液的配制方法。
(2) 掌握除油碱液和酸洗液清洗金属表面的基本操作。
(3) 列举喷砂用的工具和设备。
(4) 学会喷砂操作。

3. 任务实施器材

空压机、喷砂柜、喷砂枪、石英砂、口罩、手套、工作服、防护眼镜、待喷砂的金属零件等。喷砂用部分设备及器材如图 4-3 所示。

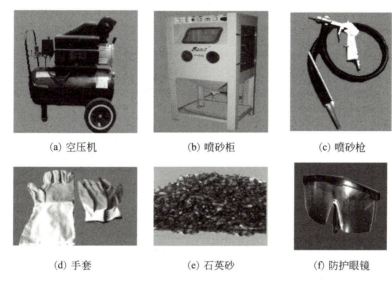

(a) 空压机　　(b) 喷砂柜　　(c) 喷砂枪

(d) 手套　　(e) 石英砂　　(f) 防护眼镜

图 4-3　喷砂用部分设备及器材

4. 任务实施

1) 用除油碱液和酸洗液清洁钢铁零件表面

此任务内容将结合项目 5 金属表面发蓝和磷化处理实施,作为金属表面发蓝、磷化处理的预处理进行操作训练。

2) 对钢铁零件表面进行喷砂清洁

(1) 喷砂前的准备工作

① 检查并启动空气压缩机。启动空气压缩机,待空气压缩机运行平稳,关闭排气阀门,检查输出气压为 0.6MPa 左右,不超过 0.8MPa,并使其在空负荷下运转 3~5min,如图 4-4 所示。

(a) 启动空气压缩机　　(b) 关闭排气阀门　　(c) 检查输出气压

图 4-4　检查并启动空气压缩机

> 提示：若是不能带压启动的空气压缩机，应先确认空气压缩机储气罐上的排气阀门处于开启状态，且无气排出后，再启动空气压缩机。

② 检查压缩空气。将白布或吸墨纸置于压缩空气气流中至少2min，与实验气流出口的距离小于60cm。用肉眼观察其表面，以无油、水等污迹为合格，如图4-5所示。

③ 穿戴好防护用品，如口罩、橡胶手套、工作服、工作帽等。

④ 检查设备运转是否正常。

a. 检查喷砂枪的喷嘴是否完好无损，若有损坏及时更换。

b. 开启达到工作压力的压缩空气供气阀门，并将输砂管插入砂中，如图4-6所示（输砂管的进气管口应露出砂面），开启喷砂枪阀门检查有无砂喷出以及是否漏砂。

图4-5 检查压缩空气

图4-6 将输砂管插入砂中（进气管口应露出砂面）

如喷砂枪无砂喷出则需要检查喷砂管路是否堵塞，如图4-7所示。依次检查清理输砂管的进气管、进砂口和喷砂枪的进砂口、喷嘴。如漏砂应检查接头处是否紧密、喷砂管路是否破损。若有上述情况，需及时修理或更换后才能进行工作。

(a) 检查清理输砂管的进气管、进砂口

(b) 检查清理喷砂枪的进砂口

(d) 检查清理喷砂枪的喷嘴

图4-7 检查并清理喷砂管路

c. 检查照明、抽风等是否正常。

⑤ 检查完毕，关闭喷砂枪阀门或压缩空气阀门。

(2) 喷砂操作

① 先打开照明灯，再打开压缩空气阀门，将喷砂枪空喷2～5min，将管道中的水分喷掉，以免砂子潮湿，然后关严压缩空气阀门将输砂管插入砂中。

② 将零件送入工作箱内，关上箱门。

③ 启动抽风设备，打开压缩空气阀门，进行喷砂。

喷砂时，喷嘴离零件的距离保持在200～300mm，喷射角度在30°～80°左右（金属表面清除物越硬，喷射角度越大），如图4-8所示。均匀地旋转或翻转零件并缓慢地来回移动零件或喷嘴，从下往上，一枪压一枪，使零件表面受到均匀喷射，直到零件表面全呈无光泽或半光泽的灰色为止,如图 4-8(b)所示。

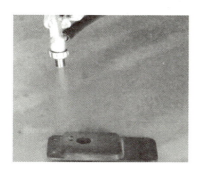
(a) 喷嘴与工件之间的距离

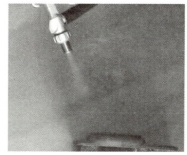
(b) 喷射角度

图 4-8　喷砂时喷嘴与工件之间的距离及喷射角度

④ 关闭喷砂枪阀门,再开箱取出零件。

⑤ 检查喷砂质量。用干燥无油的压缩空气吹扫零件表面的浮尘和碎屑,并检查喷砂质量,如图 4-9 所示。喷砂合格的零件表面应不可见油腻、污垢、氧化皮、锈皮、油漆、氧化物、腐蚀物等污物,不合格的应放入工作箱中补喷吹扫直至合格。

(a) 用压缩空气吹扫零件表面浮尘和碎屑

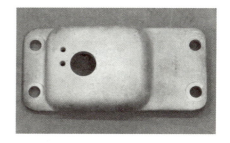
(b) 零件表面呈无光泽或半光泽的灰色、无污物

图 4-9　检查喷砂质量

提示:喷砂除锈清理后的表面不得用手触摸。为了防止重新生锈,要尽快转到下道工序。

⑥ 关闭空气压缩机,打开排气阀门排空高压气体,并清理现场。

⑦ 将喷砂清洁实践情况记录在表 4-8 中。

(3) 操作注意事项

① 工作前操作者必须穿戴好防护用品,不准赤裸膀臂工作,工作时不得少于两人。

② 喷砂采用的压缩空气应干燥洁净,不得含有油污和水分。

③ 压缩空气阀要缓慢打开,气压不准超过 0.8MPa。

④ 喷砂机工作时,禁止无关人员接近。清扫和调整运转部位时,应停机进行。

⑤ 严禁用压缩空气吹身上灰尘或开玩笑。

⑥ 工作完毕后,通风除尘设备应继续运转五分钟再关闭,以排出室内灰尘,保持场地清洁。

表 4-8 金属表面喷砂清洁实践记录表

实践内容	金属表面的喷砂清洁	时间	年　月　日	地点	
实践人员					
实践过程记录					
喷砂质量检验结果					
实践结果分析					
实践体会					

拓展阅读

经过喷砂处理后的零件,要求能够达到 Sa2 或 SP6 的表面清理等级。国际上通用的清理等级是 1985 年美国制定的"SSPC-"或 1976 年瑞典制定的"Sa-"。表 4-9 为具体的表面清理等级。

表 4-9 金属表面清理等级

清理等级			处理的技术标准
名称	Sa-(瑞)	SSPC-(美)	
手工刷除清理级 清扫级	Sa1	SP7	工件表面应不可见油污、油脂、残留氧化皮、锈斑和残留油漆等污物 一般采用简单的手工刷除、砂布打磨的方法
商品清理级 工业级	Sa2	SP6	工件表面应不可见油腻、污垢、氧化皮、锈皮、油漆、氧化物、腐蚀物和其他外来物质(疵点除外),但疵点限定为不超过每平方米表面的 33%,可包括轻微阴影,少量因疵点、锈蚀引起的轻微脱色,氧化皮及油漆疵点。如果工件原表面有凹痕,则轻微的锈蚀和油漆还会残留在凹痕底部 采用喷砂清理方法
近白清理级 近白级 出白级	Sa2.5	—	工件表面应不可见油腻、污垢、氧化皮、锈皮、油漆、氧化物、腐蚀物和其他外来物质(疵点除外),但疵点限定为不超过每平方米表面的 5%,可包括轻微暗影,少量因疵点、锈蚀引起的轻微脱色,氧化皮及油漆疵点 工业上普遍使用并可以作为验收技术要求及标准的级别
白色清理级 白色级	Sa3	SP5	工件表面应不可见油腻、污垢、氧化皮、锈皮、油漆、氧化物、腐蚀物和其他外来物质,阴影、疵点、锈蚀等都不得存在

4.5　复习思考题

1. 名词解释

碱液除油　化学除锈　机械除漆　喷砂

2. 填空题

（1）金属表面清洁技术一般分为_____、_____、_____等工序。
（2）碱液除油是利用化学药品的_____作用和_____作用进行除油的。
（3）机械除锈方法有_____、_____、_____、_____、_____等。
（4）金属经过化学除锈后容易产生_____和_____，因此在化学除锈液中经常加入一定量的缓蚀剂。
（5）常见的除漆方法有_____、_____、_____、_____、_____等。

3. 判断题

（1）只有施加保护涂层的金属件表面在涂装保护涂层前需要进行表面清洁。（ ）
（2）碱液除油利用的是碱对油的腐蚀性进行除油的。（ ）
（3）化学除锈所用的除锈液既有酸液，也有碱液。（ ）
（4）手工除锈工艺简单，费用廉价，除锈效率高，适用于大面积除锈。（ ）
（5）为了使化学除锈效率更高，应采用尽量浓的酸进行除锈。（ ）
（6）喷砂法除漆主要适用于韧性小、性脆的漆膜清除，也适合旧漆大部脱落、龟裂后的清除。（ ）

4. 选择题

（1）下面不是常用的除油方法的是（   ）。
　　A. 碱液除油　　B. 有机溶剂除油　　C. 手工除油　　D. 酸液除油
（2）下列不属于碱液除油的配方成分的是（   ）。
　　A. 碳酸钠　　B. 硫酸钠　　C. 磷酸钠　　D. 硅酸钠
（3）下列不是手工除锈的特点的是（   ）。
　　A. 工艺简单　　B. 效率低下　　C. 费用廉价　　D. 适于批量处理
（4）下列不适用于除漆的是（   ）。
　　A. 电化学法　　B. 化学法　　C. 手工法　　D. 有机溶剂法

5. 简答题

（1）简述碱液除油的原理。
（2）手工除油有哪些优缺点？适用于哪些场合？
（3）常用的机械除锈方法有哪些？机械除锈时要注意什么？
（4）简述喷砂清洁金属表面的操作步骤。
（5）用喷砂法去除漆时应注意哪些事项？

6. 应用实践题

收集机械加工和维修中常用的表面清洁方法，然后结合本项目学习内容分析为何选择这些方法，并对目前采用的表面清洁方法进行分析、判断，思考是否还有更为合理、更加有效的方法。

项目 5　金属表面的发蓝与磷化

📋 项目要求

本项目介绍金属零件表面防护处理常用的两种方法——发蓝与磷化。通过对金属零件表面的发蓝和磷化处理,使零件表面获得发蓝膜或磷化膜,训练学生正确配制发蓝液和磷化液,熟悉发蓝和磷化的工艺流程及操作。

知识要求：
(1) 说出发蓝和磷化的原理。
(2) 复述发蓝和磷化的工艺流程。

技能要求：
(1) 会正确配制发蓝液和磷化液。
(2) 学会对金属件的发蓝和磷化操作。
(3) 会检测发蓝膜和磷化膜的质量。

📖 知识要点框架

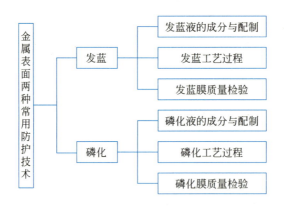

5.1　发蓝

装备的发展对各种零件表面性能的要求越来越高,特别是在高速、高温、高压、重载、腐蚀介质等条件下工作的金属零件,其破坏往往自表面开始(如钢铁构件表面的锈蚀),而表面的损坏又往往造成整个零件失效,乃至影响到装备的正常使用。为此,常利用现代技术使零件表面获得具有保护功能的各种膜层,用以改善零件的表面性能,延长装备的使用寿命,从而提高装备的使用性、安全性、装饰性、维修性和经济性。发蓝和磷化是钢铁零件常采用的两种表面防护技术。

钢的发蓝又称氧化处理,是使钢件表面生成一层保护性氧化膜的工艺。发蓝件涂油后在一定条件下能提高钢件表面抗腐蚀能力,同时增加钢件表层的美观及光泽,如图 5-1 所示。钢的发蓝通常可采用化学和电化学等方法,目前生产中普遍采用的是碱性化学氧化法。

(a) 发蓝前

(b) 发蓝后

图 5-1　零件发蓝前后对比

氧化膜的主要成分为磁性氧化铁,颜色一般呈灰黑色、深黑色或蓝黑色,合金钢由于化学成分不同,有时带紫红色或褐黑色。膜厚约为 $0.5\sim1.5\mu m$,最厚可达 $3\mu m$,对零件尺寸和精度无显著影响。

发蓝处理广泛用于机械零件、精密仪表、气缸、弹簧等的一般防护和装饰,具有成本低、工效高、不影响尺寸精度、无氢脆等特点,但在使用中应定期擦油。

5.1.1　发蓝液的成分与配制

钢铁零件发蓝的工艺有碱性发蓝、酸性发蓝、常温发蓝等,特别是近几年来,常温氧化工艺出现了不少。发蓝工艺不同,所用发蓝液的成分是不同的。目前,在生产与维修中广泛使用的还是碱性高温发蓝。碱性高温发蓝液有多种配方,但最基本的组成物是水、碱和氧化剂。碱多使用氢氧化钠,氧化剂多使用硝酸钠、亚硝酸钠(或硝酸钾、亚硝酸钾)。常见发蓝液的配方有表 5-1 所列单槽发蓝和双槽发蓝两种。为提高氧化速度,缩短氧化处理时间,可在氧化液中加入 $50\sim70 g/L$ 硝酸锌或 $80\sim110 g/L$ 重铬酸钾等。

表 5-1　发蓝液成分、工艺条件

发蓝方法		单槽发蓝	双槽发蓝	
			槽一	槽二
溶液组成/(g/L)	氢氧化钠(NaOH)	600～700	500～650	750～1000
	亚硝酸钠($NaNO_2$)	100～200	100～200	150～250
零件条件	材料	温度/℃		
	高碳钢 中碳钢 低碳钢和合金钢	135～137 138～140 140～145	135～137 135～142 135～142	— 143～150 143～150
	材料	时间/min		
	高碳钢 中碳钢 低碳钢和合金钢	20～30 10～15 60～120	40～60 10～15 10～15	— 30～45 30～45
应用特点		只能获得较薄和防护性较低的膜,易形成红色挂灰	第一槽发蓝溶液也可作单槽发蓝用,但对于低碳钢和合金钢,发蓝时间应延长至 90min,进行双槽发蓝时,零件自第一槽移至第二槽时不必进行中间洗涤;双槽发蓝获得的膜层较厚,防护性能好,降低了红色挂灰的出现	

> 提示：新配制的发蓝液缺乏铁离子，应加 20% 左右的旧液。若无旧液，可加入生锈铁件或铁粉沸煮 20～30min，以利于正式发蓝时顺利上色。

发蓝槽用铁板焊成，如图 5-2 所示。配置发蓝液时将药品、水称量好，先把氢氧化钠投入水中加热溶解，然后再投入氧化剂（也可同时投入），直至完全溶解。

图 5-2　发蓝槽

5.1.2　发蓝工艺

发蓝的全过程可分为预处理、氧化处理和补充处理三个阶段。具体工艺流程是：除油—冲洗—除锈—冷水冲洗—氧化处理—冷水或温水冲洗—钝化—晾干—浸油。

1. 预处理

预处理主要是彻底清除零件表面的油污和锈蚀，为氧化处理做好准备。除油与除锈的先后顺序可视情况而定，如果用机械除锈，则应在除油前进行。

2. 氧化处理

氧化处理是使零件表面在发蓝液的作用下获得氧化膜的过程。为了获得较厚、耐蚀能力较强的氧化膜，可以进行两次氧化。

> 提示：经过氧化处理的零件，表面虽然有了一层具有一定防护能力的氧化膜，但用高倍放大镜观察可发现，氧化膜表面仍不可避免地存在一些微小孔隙（又称针孔），水分及其他腐蚀介质有可能穿过小孔，使金属遭受腐蚀。

3. 补充处理

为提高氧化膜的抗蚀能力，还必须进行钝化和浸油的补充处理。钝化是将零件置于 80～90℃ 的 30～50g/L 的肥皂水中煮 2～3min，或置于 90～95℃ 的 30～50g/L 的重铬酸钾水溶液中煮 10～15min，使氧化膜小孔下的金属钝化，同时使氧化膜表面生成一层亲油厌水的硬脂酸铁膜；浸油是将钝化晾干后的零件浸入 105～120℃ 的干净机械油中煮 5～10min，驱除水分，使表面附上一层油膜，增强抗蚀能力。

5.1.3　发蓝质量检验

1. 外观检查

目测发蓝膜应为均匀的蓝黑色或黑色（铬硅钢呈棕红色或棕黑色，高速钢呈黑褐色），不允许出现没有氧化上的斑点和褐色附着物。

2. 耐磨性检查
用干净布擦拭,发蓝膜不被擦掉为合格。

3. 抗蚀性检查
发蓝后的零件除去油污,滴上数滴用氧化铜中和过的3%的硫酸铜溶液,经30s用水冲去或用脱脂棉吸干,不显示铜斑为合格,如图5-3所示。

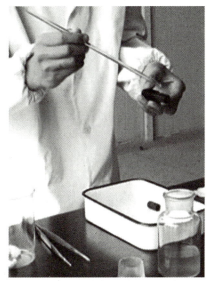

(a) 滴上用氧化铜中和过的3%的硫酸铜溶液

(b) 30s后用脱脂棉吸干

(c) 观察是否有铜斑

图 5-3　抗蚀性检查

提示：发蓝不合格的零件,应经脱脂后在酸洗液中侵蚀除去发蓝膜后重新氧化。

5.1.4　影响发蓝质量的因素

影响发蓝质量的因素主要有溶液的成分、溶液的温度、金属的成分及表面准备质量等。发蓝的常见缺陷及纠正方法见表5-2。

表 5-2　发蓝的常见缺陷及纠正方法

缺陷特征	原　　因	纠 正 方 法
发红(某些合金钢呈棕红是正常的)	温度过高;氢氧化钠比例过高	加水稀释
发绿	硝酸盐过多;氢氧化钠少;零件露出液面	加氢氧化钠,温度偏高则酌加清水;零件应完全浸入发蓝液中
发蓝后存放中表面出现白色挂霜	零件发蓝后没有清洗干净	对发蓝后的零件用洁净的水清洗干净
不上色、色太淡或者膜太薄	氢氧化钠少,温度低;缺乏氧化剂;新配液缺铁离子;时间太短	加氢氧化钠,缺氧化剂则加硝酸盐;新液应加20%旧液或用生锈铁件、铁粉等煮20~30min

续表

缺陷特征	原因	纠正方法
发花（因零件成分，加工方法不同，允许有不同颜色）	预处理不彻底；氧化时零件重叠；零件从发蓝液中取出在空气中停留过久；氢氧化钠少；氧化时间太短	加强预处理；每次取出冲洗适当调整零件位置；取出时间较长时应把零件放入水中；加氢氧化钠；增加氧化时间
表面出现易洗掉的锈斑	氢氧化钠过少；溶液杂质太多	加氢氧化钠；及时清除杂质或更换发蓝液

 拓展阅读

发蓝液中碱的主要作用是：使零件表面产生轻微腐蚀，析出形成氧化膜所必需的铁离子，促使氧化膜的形成；提高溶液的沸点，保证发蓝时所必需的温度；同时起到补充除油的作用。发蓝液中氧化剂的主要作用是与碱及铁离子作用，生成氧化膜。以硝酸钠作氧化剂时，可得到深黑色的膜层，但光泽稍差；以亚硝酸钠作氧化剂时，可得到蓝黑色膜层，光泽较好。

5.2 磷化

磷化是把零件浸入磷酸盐溶液中，使零件表面生成一层磷酸盐薄膜（简称磷化膜）的工艺。主要应用于钢铁表面，但有色金属件（如铝、锌）也可应用磷化。磷化膜是由锰、锌、铁等磷酸盐组成的结晶态物质，呈灰色或暗灰色，其厚度一般在 $1\sim50\mu m$。

磷化膜层与基体结合牢固，经钝化或封闭后具有良好的吸附性、润滑性、耐蚀性及较高的绝缘性等。因此，磷化膜主要作为基体金属的耐蚀防护层和涂漆前的打底层，也可作为金属材料的绝缘层和金属冷加工（如拔丝）时的减摩润滑层。

提示：磷化膜与发蓝氧化膜相比，防锈能力高 2～10 倍以上，并且耐磨性、绝缘性良好，膜稍厚，颜色不如发蓝膜美观。

5.2.1 磷化液的成分与配制

1. 磷化液的成分

根据目前的生产情况，常用的磷化液根据磷化时的温度不同，分为冷磷化液、中温磷化液和高温磷化液三类。磷化液的具体配方很多，部分配方见表 5-3。

表 5-3 部分磷化液种类与工艺特点

磷化种类	成分/(g/L)			温度/℃	时间/min	总酸度/滴	游离酸度/滴	特点
	马日夫盐	硝酸锌	其他					
冷磷化液	40～65	50～100	氟化钠 3～4.5 氧化锌 4～8	20～30	30～45	50～90	3～4	溶液稳定，但膜层耐蚀性稍差，处理时间长，生产效率低

续表

磷化种类	成分/(g/L)			温度/℃	时间/min	总酸度/滴	游离酸度/滴	特点
	马日夫盐	硝酸锌	其他					
中温磷化液	30～45	100～130	硝酸锰 20～30	55～70	10～15	85～110	6～9	膜层耐蚀性较好,溶液稳定,磷化速度快,但溶液成分较复杂
高温磷化液	30～45	—	硝酸锰 15～25	94～98	15～20	36～50	3.5～5	膜层耐蚀性好,结合力强,耐热性和硬度较高,但溶液稳定性差,结晶粗细不均匀

提示:按成分表配制好的磷化液需检测溶液酸度,磷化液酸度分为总酸度和游离酸度。磷化液酸度滴数相当于滴定 10mL 磷化液时需消耗的 0.1mol/L NaOH 溶液的毫升数。当用酚酞做指示剂,变色时所需 0.1mol/L NaOH 溶液的毫升数称为磷化液总酸度的滴数;当用甲基橙做指示剂,变色时所需 0.1mol/L NaOH 溶液的毫升数称为磷化液游离酸度的滴数。

2. 磷化液的配制

往磷化槽中加入适量的水,将所需数量的马日夫盐(又称磷酸二氢锰铁盐,是一种钢铁防锈制剂)用水溶化开后加入槽中,再将硝酸锌和硝酸锰等加入,加热至沸腾使其进一步溶解即可。图 5-4 所示为可控温磷化槽。

图 5-4 可控温磷化槽

提示:新配磷化液因亚铁离子过少,磷化膜结晶偏细或磷化不上,可用经除油及酸洗过的铁屑按正常磷化工艺处理磷化液,以增加溶液中的亚铁离子。

5.2.2 磷化工艺过程

磷化的全过程可分为预处理、磷化处理和补充处理三个阶段。具体工艺流程是:除油—冲洗—除锈—冲洗—中和—(冷水)冲洗—磷化处理—冲洗—钝化—晾干—浸油。

1. 预处理

磷化预处理与发蓝相同。但酸洗时不宜加缓蚀剂,特别需要注意的是零件酸洗后一定要中和余酸并彻底冲洗。酸洗最好用硫酸,以利于去除金属表面的加工硬化层,提高磷化膜的质量。

> **提示**:零件用硫酸洗后表面会有积灰(挂灰),可在酸中加少量食盐以减少挂灰。

2. 磷化处理

磷化液温度要按规定严格控制,一般尽量采用间接加热的可控温磷化槽。若无可控温磷化槽,可在磷化槽外再套一水槽,如图 5-5 所示。磷化加热时,外层水把热量传给磷化液,使磷化液底部的沉淀物不易上浮附在零件表面,保证零件磷化质量。同时零件也不应接触槽底。对于中、高温磷化,为防止零件放入时液温骤然下降,影响磷化质量,应将零件先用热水预热。

零件放入磷化液后,槽内会放出大量的气泡,气泡停止,表明磷化膜基本形成。到了规定时间,取出零件,先用热水后用冷水冲洗干净。

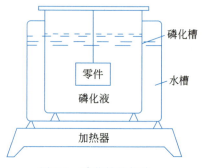

图 5-5 磷化槽的加热

> **提示**:零件在磷化前若经喷砂处理,磷化膜质量会更好,但喷砂后的零件应在 6 小时内进行磷化处理。

3. 补充处理

为了提高磷化膜的防锈能力,磷化处理后的零件还应做以下补充处理。

(1) 钝化处理。将零件浸入 80~95℃,由 0.2%~0.4%碳酸钠和 3%~5%的重铬酸钾组成的水溶液中煮 10~20min,取出零件冷水洗,再用热水洗,最后晾干。也可用 80℃以上的含 30~50g/L 肥皂的肥皂水溶液代替重铬酸钾煮 3~4min。

(2) 浸油处理。置零件于 105~120℃的机械油中煮 5~10min。

> **提示**:作油漆打底的零件不浸油。

5.2.3 磷化质量检验

1. 外观检验

目测磷化膜应为均匀一致的青灰色或灰黑色,由于加工关系允许颜色稍有差别。

2. 牢固性检验

用干净白布擦拭,布上无黑色为合格。

3. 抗蚀性检验

磷化后的零件浸入 3%食盐水溶液(20℃左右)约 2 小时,表面不生锈为合格(边角处除外)。

> **提示**:磷化不合格的零件,可在酸洗溶液中洗去(如 20%的硫酸溶液中浸泡 15min),重新磷化。

5.2.4 磷化常见缺陷分析及排除方法

磷化常见缺陷分析及排除方法见表 5-4。

表 5-4 磷化常见缺陷分析及排除方法

质量缺陷	原　因	排 除 方 法
耐腐蚀性能不好	温度低或磷化时间不够使膜太薄	去掉磷化膜,重新磷化
	酸洗时间过长或零件受腐蚀过大或磷化液中有硫酸、盐酸及氯等使磷化膜结晶过粗	酸洗后最好用碱水中和一下冲洗干净。用蒸馏水配液,不要用自来水
浸油前磷化膜上有绿色灰末	磷化物、沉淀物附在零件表面	零件不与槽底接触,不使磷化液沸腾,不搅拌
个别零件或局部没有磷化膜	磷化时零件表面聚集着氢气泡	磷化过程中翻动零件或改变挂法

5.3 任务与实施

任务 1 钢的发蓝

1. 任务内容

对钢制零件和工具进行发蓝。

2. 任务目标

（1）学会配制发蓝所需的各种溶液。
（2）学会对金属件的发蓝操作。
（3）学会检测发蓝膜的质量。

3. 任务实施器材

电子秤、电炉、玻璃棒、温度计、烧杯、砂纸、待发蓝件、氢氧化钠、亚硝酸钠、硝酸钠、碳酸钠、水玻璃、磷酸、重铬酸钾、铁粉、硫酸铜、机械油等。发蓝用部分设备器材及药品如图 5-6 所示。

(a) 电子秤

(b) 电炉

(c) 温度计和玻璃棒

(d) 烧杯

(e) 铁粉

(f) 药品

图 5-6 发蓝用部分设备器材及药品

4. 任务实施

为了让所有学生能亲自动手训练和便于观察,本任务采用玻璃器皿和电炉代替发蓝槽对小零件进行发蓝。本任务的基本工艺流程是:除油—冲洗—除锈—冷水冲洗—氧化处理—冷水或温水冲洗—钝化—晾干—浸油。

(1) 配制除油液、除锈液、发蓝液和钝化液,配方见表5-5。各种溶液的配制总量以发蓝件的大小而定,应保证发蓝件能完全浸没其中,如图5-7所示。

表 5-5 除油液、除锈液、发蓝液和钝化液的配方

除油液/(g/L)		除锈液	发蓝液/(g/L)		钝化液
氢氧化钠(NaOH)	50~100	15%的稀磷酸(H_3PO_4)或稀硫酸(H_2SO_4)	氢氧化钠(NaOH)	500~600	30~50g/L 的重铬酸钾水溶液
碳酸钠(Na_2CO_3)	20~50		硝酸钠($NaNO_3$)	100	
磷酸钠(Na_3PO_4)	10~40		亚硝酸钠($NaNO_2$)	30	
水玻璃(Na_2SiO_3)	2~10		—	—	

注:表中除油液配方是针对通用的钢铁及铸件,其他油污的钢铁或铸件除油配方详见表4-1。

(a) 除油液　　　　　(b) 除锈液　　　　　(c) 发蓝液　　　　　(d) 钝化液

图 5-7 配制发蓝用各种溶液

提示:配制好的发蓝液,需加入一些铁粉或生锈的铁钉等,加热至138~150℃煮制一段时间,以增加发蓝液中的铁离子含量。

试一试:
用其他除油配方或发蓝液配方与邻组比较发蓝效果。

(2) 除油及冲洗。如图5-8所示,将零件置于已加热至70~90℃的除油液中,煮10~30min后取出,用水洗净。

(3) 除锈及冲洗。如图5-9所示,把表面去油污后清洗过的零件迅速浸入60~80℃的除锈液(15%稀磷酸溶液)中,煮约2min后,待表面颜色变得无光泽后,取出用冷水冲洗干净。

提示:在除油液和除锈液煮制之前,对于油污和锈迹比较明显的待发蓝件应先用抹布和砂纸等除油、除锈。

除油、除锈后的待发蓝件用水冲洗,并观察其表面水膜附着情况,若表面均匀附着一层水膜表明表面清洁干净,若表面附有水珠则表明表面未清洁干净,需重新清洁。

(4) 氧化处理。如图5-10所示,将除油、除锈后的待发蓝件置于已加热的发蓝液中,加热煮沸约20min,待表面有一层黑蓝色或黑色的氧化膜后取出,用水冲洗,晾干。

提示：在除油和除锈的同时加热配制好的发蓝液。为获得高质量膜层，可将煮制、冲洗的操作反复2～3次，每次煮制温度稍有提高，但最终煮制温度不超过工艺最高极限温度。

(a) 除油　　　　　　　　(b) 冲洗

图 5-8　除油及冲洗

(a) 除锈　　　　　　　　(b) 冲洗

图 5-9　除锈及冲洗

(a) 发蓝液中加入铁粉煮制　　(b) 零件在发蓝液中煮制

图 5-10　氧化处理

（5）补充处理。如图 5-11 所示，将氧化处理后的发蓝件置于已配制好的 90～95℃的 30～50g/L 重铬酸钾水溶液中煮 10～15min，取出后用冷热水冲洗并晾干。然后再将发蓝件置于热机油（105～120℃）中煮 5～10min，待表面有光泽后取出。

(a) 在重铬酸钾水溶液中煮制　　　　(b) 在机油中煮制

图 5-11　补充处理

（6）检验发蓝质量。在外观和耐磨性检查合格后，用酒精擦除发蓝零件局部的油污，滴上数滴用氧化铜中和过的 3% 的硫酸铜溶液，经 30s 用水冲去或用脱脂棉吸干，不显示铜斑为合格。

（7）将发蓝实践情况填入表 5-6 中。

表 5-6　发蓝实践情况记录表

实践名称	钢的发蓝实践	时间	年　月　日	地点	
实践人员					
实践步骤记录					
发蓝膜质量检验记录					
实践结果分析					

（8）操作注意事项。

① 发蓝液温度正常并保持沸腾才能放入零件，放零件后应尽快使液体沸腾，并始终保持；随时用温度计测量温度，保持在规定范围内。

② 发蓝时零件不应露出液面。取出冲洗不能在空气中停留过久，若要长时间停留，应将其浸泡在水中。

③ 发蓝液成分调整（特别是加药品）应在零件取出后进行。

④ 不得用铜、铝制器具，铜、铝等不能浸入发蓝液。

⑤ 发蓝液是强腐蚀剂，加清水时要特别注意，防止液体剧烈沸腾溅出伤人。溶液溅到衣服上或皮肤上应及时用清水冲洗，工作场地要注意通风，不应在工作场地进食。

⑥ 应经常捞取浮渣，发蓝液过脏可过滤再用。配制好一次发蓝液，维护好可长期使用，但液体至暗棕色时应另换新液。

 实践拓展

1. 补蓝

零件在修理、使用过程中，如果发蓝膜局部损坏，可采用补蓝的方法修复。具体操作如下：

(1) 配制补蓝液,即配制硫酸铜溶液和多硫化铵溶液。

① 配制硫酸铜溶液:取硫酸铜 3 份溶于 7 份温水中,搅拌均匀冷却至室温即可。

② 配制多硫化铵溶液:按 10mL 硫化铵加 1g 硫磺的比例,将硫磺加入硫化铵溶液中,搅拌至完全溶解,静置 2~3h 后即可使用,搅拌时应在通风处。

(2) 将零件需要补蓝部位打磨干净,并除油清洁。

(3) 用脱脂棉(或干净布)蘸硫酸铜溶液涂于需补蓝处(涂层要均匀,勿太厚),晾干,至零件表面析出一薄层铜。

(4) 用另一脱脂棉(或干净布)蘸多硫化铵溶液均匀涂于铜层上,铜层即变成黑色,表面还有灰褐色析出物。晾干后用布轻轻擦拭,除去灰褐色析出物。

按步骤(3)、(4)重复操作 1~2 次,干后轻轻擦净表面,涂上一层油,经数小时后用布擦拭至显光泽。

2. 烧蓝

对于一些不淬火或回火温度较高的个别简单零件,如销子,加工完成后可以采用烧蓝对其进行表面防护,具体操作如下。

(1) 将零件除油清洁。

(2) 放在赤热的铁板上或直接在无烟的火焰中加热,如图 5-12 所示。

图 5-12 无烟加热

(3) 当零件表面逐渐转为深蓝色时,脱离火源,用蘸有机械油或防护油的布对其表面进行反复擦拭,如图 5-13 所示。

  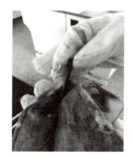

(a) 零件表面呈深蓝色　　　(b) 脱离火源　　　(c) 油布反复擦拭

图 5-13 加热擦油

(4) 再加热再擦拭,如此反复数次,直至零件表面获得一层均匀的蓝黑色的氧化膜,如图 5-14 所示。

(a) 烧蓝前　　　(b) 烧蓝后

图 5-14 烧蓝氧化膜

任务 2　钢的磷化

1. 任务内容
对钢制零件和工具进行磷化。

2. 任务目标
（1）学会配制磷化所需的各种溶液。
（2）学会对金属件的磷化操作。
（3）学会检测磷化膜的质量。

3. 任务实施器材
磷化槽、待磷化件、电子秤、温度计、砂纸、氢氧化钠、碳酸钠、磷酸钠、水玻璃、磷酸、马日夫盐、硝酸锌、硝酸锰、氯化钠、肥皂、机械油等。

4. 任务实施
本任务的基本工艺流程是：除油—冲洗—除锈—冲洗—中和—（冷水）冲洗—磷化处理—冲洗—钝化—晾干—浸油。
（1）配制除油液、除锈液、磷化液和钝化液，见表5-7，制作过程如图5-15所示。

表 5-7　除油液、除锈液、磷化液和钝化液的配方

除油液/(g/L)		除锈液	磷化液/(g/L)		钝化液
氢氧化钠（NaOH）	50～100	15％稀磷酸（H_3PO_4）或稀硫酸（H_2SO_4）	马日夫盐	30～45	30～50g/L 的肥皂水溶液
碳酸钠（Na_2CO_3）	20～50		硝酸锌（$Zn(NO_3)_2$）	100～130	
磷酸钠（Na_3PO_4）	10～40		硝酸锰（$Mn(NO_3)_2$）	20～30	
水玻璃（Na_2SiO_3）	3～10		—	—	

注：表中除油液配方是针对通用的钢铁及铸件，其他油污的钢铁或铸件除油配方详见表4-1。磷化液的配方是针对中温磷化制定的。

(a) 配制除油液　　(b) 配制除锈液　　(c) 配制磷化液　　(d) 配制钝化液

图 5-15　配制磷化用各种溶液

（2）预处理。磷化预处理与发蓝相同。酸洗后，一定要中和余酸并彻底冲洗，可采用肥皂水来中和。

（3）磷化处理。如图5-16所示，先将磷化液加热到55～70℃，再将除油、除锈后的待磷化件置于盛有磷化液的磷化槽中（不接触槽的底部）。当待磷化件放入磷化液后，会放出大量的气泡。一旦气泡停止，表明磷化膜已基本形成。10～15min 后取出，先用热水后用冷水

冲洗、晾干。

(a) 在磷化液中加热

(b) 热水洗

(c) 冷水冲洗

图 5-16　磷化处理

(4) 补充处理。将磷化处理后的磷化件置于已配制好的肥皂水溶液中，加热至80℃ 3～5min后，取出用冷热水洗、晾干。再放至105～120℃的热机油中煮制5～10min，取出。

(5) 检验磷化质量。在外观和耐磨性检查合格后，将磷化件浸入3％的氯化钠溶液中，经两小时后取出，表面无锈渍为合格。

提示：磷化后件在3％的氯化钠溶液浸泡两小时后边角处出现锈渍为正常。

(6) 将磷化实践情况填入表5-8中。

(7) 操作注意事项。

① 磷化时严格控制磷化液温度。

② 除油、磷化、钝化、浸油等工序所使用的各种工具，在使用过程中严禁混淆。

表 5-8　磷化实践情况记录表

实践名称	钢的磷化实践	时间	年　月　日	地点	
实践人员					
实践步骤记录					
磷化膜质量检验记录					
实践结果分析					

实践拓展：补磷化

由于修理或其他原因造成磷化膜的局部磨损，可自制磷化膏修复。具体操作如下。

(1) 配制磷化膏。以1～1.6份冷磷化液加一份滑石粉，经充分搅拌后密封备用。

(2) 打磨表面及除油。用砂纸等清理磨损处的残余磷化膜及杂物，并用除油液擦拭清洁待补磷化的表面。

(3) 涂磷化膏。在已清洁的待补磷化表面涂上磷化膏，并保持30～40min。

(4) 冷水冲净。

(5) 晾干涂油。

5.4 复习思考题

1. 名词解释

发蓝　磷化

2. 填空题

（1）发蓝、磷化工艺的基本过程均可分为_____、_____、_____三个基本环节。

（2）磷化工艺按其磷化时的温度常分为_____、_____、_____三类。

（3）发蓝、磷化的质量检验均包括_____、_____、_____三个方面。

（4）为了让零件在新配制的发蓝液中顺利地发上色,应向新液中加入_____的旧液,或加入_____煮制后使用,以补充新液中的铁离子。

（5）零件发蓝时,若温度过低,零件表面的膜层则会出现_____。

（6）喷砂后的零件应在____小时内进行磷化处理。

（7）发蓝液配制好后可反复使用,但当液体呈_____色时应停止使用,另换新液。

3. 判断题

（1）发蓝时氢氧化钠的主要作用是除油。（　　）

（2）零件发蓝时,发蓝液中缺乏 Fe 离子会更纯,发蓝效果会更好。（　　）

（3）零件在磷化预处理酸洗后可不用中和余酸直接进入后面的操作环节。（　　）

（4）磷化后的零件在3%的氯化钠溶液中浸泡两小时后只是边角处出现锈渍可判断膜层的抗蚀性合格。（　　）

（5）发蓝液温度正常并保持沸腾才能放入零件,放零件后应尽快使液体沸腾,并始终保持。（　　）

（6）除油、除锈后的零件可用水膜法检验表面是否清洁:用水冲洗,并观察其表面水膜附着情况,若表面均匀附着一层水膜表明表面清洁干净,若表面附有水珠则表明表面未清洁干净,需重新清洁。（　　）

（7）所用的发蓝件和磷化件最后均需浸油补充处理。（　　）

4. 简答题

（1）零件表面在发蓝或磷化前预处理的目的是什么？预处理通常包括哪些内容？

（2）发蓝液配方中的主要组成物有哪些？发蓝工艺包括哪几步？

（3）发蓝和磷化后为什么要做补充处理？补充处理包括哪些内容？

（4）简述发蓝膜和磷化膜质量检验的异同点。

5. 应用实践题

（1）尝试低温磷化或高温磷化,比较这两种磷化方式与中温磷化形成的磷化膜的差别。

（2）试用不同配方的发蓝液对零件发蓝,并对比膜层质量。

项目 6　金属表面的涂漆

项目要求

本项目介绍金属表面防护处理常用的方法之一——涂漆。通过对金属零件表面的涂漆处理,使金属零件表面获得黏附牢固、厚薄均匀、平整光滑的漆膜,训练学生正确选用并调制涂料,熟悉刷漆工具和喷漆设备的使用,熟悉涂漆的工艺流程并会操作。

知识要求：

(1) 说出涂料的组成、分类及型号。

(2) 复述涂料的选用原则与调制方法。

(3) 复述涂漆的工艺流程。

技能要求：

(1) 会调制涂料。

(2) 学会对金属表面涂漆的操作。

知识要点框架

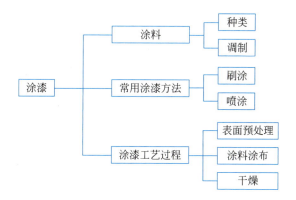

6.1　涂料

涂料是涂覆于物体表面,在一定条件下形成薄膜,并起保护、装饰或其他特殊功能(绝缘、防锈、防霉、耐热等)的液体或固体材料。因早期的涂料大多以植物油为主要原料,故称作油漆。现在合成树脂已大部分或全部取代植物油,故称为涂料。

6.1.1　涂料的组成

涂料是复杂的化学混合体,概括来讲,涂料是由主要成膜物质、次要成膜物质及辅助成膜物质所构成,见表 6-1。

> **提示：** 主要成膜物质是涂料的主要成分,是形成涂膜的物质,对涂料的性能特点起主导作用,一般指油料或合成树脂。次要成膜物质是指各种颜料、填料,不能单独成膜,但也

是构成涂膜并影响其性能的重要组分。辅助成膜物质包括稀料(溶剂和稀释剂)及辅助材料,其作用是溶解主要成膜物质,改善涂料性能和便于施工,如调节涂料黏度、提高涂料的稳定性、改善涂膜的流平性等。

表 6-1 涂料的组成物质名称

涂料组成	材料名称	类 别	品 种 名 称
主要成膜物质	油料	干性油	桐油、亚麻油、梓油等
		半干性油	豆油、葵花籽油、玉蜀油等
		不干性油	蓖麻油、椰子油等
	树脂	天然树脂	虫胶、松香、天然沥青等
		合成树脂	酚醛、醇酸、氨基环氧、聚酯、丙烯酸等
次要成膜物质	颜料	着色颜料	钛白、氧化锌、氧化铁红、铬黄、耐晒黄、镉红、炭黑
		防锈颜料	红丹、锌铬黄、偏硼酸钡等
		体质颜料	太白粉、钛白、重晶石粉、滑石粉、云母粉等
辅助成膜物质	溶剂	助溶剂	二甲苯、乙醇、丁醇、松节油等
		稀释剂	石油溶剂、酯、酮、醇、混合溶剂
	辅助材料	填料	固化剂、流平剂、防老化剂、催化剂、催干剂、增塑剂、防结皮剂、防潮剂等

6.1.2 涂料的分类、命名及型号

1. 涂料的分类

涂料分类主要以涂料产品的用途为主线,并辅以主要成膜物质的分类方法,可将涂料划分为三个主要类别:通用涂料及辅助涂料、建筑涂料、工业涂料,每一类别又分为若干小类。

涂料按其主要成膜物质为基础的具体分类及代号见表 6-2。辅助材料按其不同用途分类见表 6-3。

表 6-2 涂料分类及代号表

序号	代号	类 别	序号	代号	类 别
1	Y	油性树脂漆类	10	X	乙烯类树脂漆类
2	T	天然树脂漆类	11	B	丙烯酸树脂漆类
3	F	酚醛树脂漆类	12	Z	聚酯树脂漆类
4	L	沥青漆类	13	H	环氧树脂漆类
5	C	醇酸树脂漆类	14	S	聚氨酯漆类
6	A	氨基酸树脂漆类	15	W	元素有机聚合物
7	Q	硝基纤维素漆类	16	J	橡胶漆类
8	M	纤维素漆类	17	E	其他漆类
9	G	过氯乙烯树脂漆类	18	—	辅助材料

表6-3 辅助材料分类表

序号	代号	类别	序号	代号	类别
1	X	稀释剂	4	T	脱漆剂
2	F	防潮剂	5	H	固化剂
3	G	催干剂			

2. 涂料的命名

涂料的命名原则为：涂料的全名＝颜料或颜色名称＋成膜物质名称＋基本名称。如修理中用到的铁红醇酸底漆，就是根据上述原则命名的。对于某些供专业用途和特性的涂料，必要时在成膜物质后面加以阐明，如军黄醇酸半光磁漆。

3. 涂料的型号

涂料的型号分三部分，第一部分为成膜物质，用汉语拼音字母表示，见表6-2；第二部分是基本名称，用两位数字表示，见表6-4；第三部分是序号，表示同类品种间的组成、配比或用途的不同。表6-5为涂料名称及型号举例。

表6-4 涂料基本名称编号举例

代号	基本名称	代号	基本名称	代号	基本名称
01	清漆	30	（浸渍）绝缘漆	60	耐火漆
02	厚漆	34	漆包线漆	61	耐热漆
03	调和漆	50	耐酸漆	62	示温漆
04	磁漆	51	耐碱漆	66	感光涂料
05	粉末涂料	52	防腐漆	67	隔热涂料
06	底漆	53	防锈漆	80	地板漆
07	腻子	54	耐油漆	86	标志漆、马路画线漆
14	透明漆	55	耐水漆	98	胶液

表6-5 涂料名称及型号举例

涂料名称	型号	涂料名称	型号
铁红醇酸底漆	C06-1	各色硝基外用磁漆	Q04-2
军黄醇酸半光磁漆	C04-44	黑色酚醛标志漆	F86-1
红丹醇酸防锈漆	C53-1	沥青清漆	L01-6

例如：

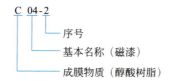

辅助材料的型号分两个部分,第一部分是辅助材料的种类,见表6-3;第二部分是序号。例如:

6.1.3 涂料的选择与调制

1. 涂料的选用原则

选择涂料时,既要满足产品涂装质量的要求,又要考虑经济效益。因此,涂料选用时应考虑这些因素:被涂件材质、使用环境、涂料的涂装方法、涂装前表面预处理方法、涂膜的干燥方法、涂料的配套性等。不同涂料与常用被涂件材质、使用环境、涂漆方法的适应情况见表6-6。

> **提示**:涂料的配套性是指涂料与涂料间配套使用的一致性。当多涂层涂装时,选用的底漆、中间涂层、面漆以及它们的稀释剂的性能和类型应一致,配料性质不相近的涂料是不能配套使用的。如醇酸类涂料与硝基类涂料是不能配套使用的,而环氧底漆同醇酸、酚醛、沥青、硝基、过氯乙烯、氨基、丙烯酸、环氧、聚氨酯等类涂料可以配套使用。若使用不配套的涂料,会出现分层、咬底、析出、胶化、起皱、堆积、流挂等缺陷。

表6-6 不同涂料与常用被涂件材质、使用环境、涂漆方法的适应情况

涂料名称	被涂件材质				使用环境						涂漆方法	
					一般气候条件下							
	钢铁	轻金属	塑料	木材	耐蚀性、装饰性要求不高	耐蚀性、装饰性好	防潮性、耐水性好	湿热条件下"三防"性能好	大气腐蚀条件下耐腐蚀性好	高温条件下	刷涂法	空气喷涂法
油脂涂料	√	√	○	√	√	√	—	—	—	—	√	—
醇酸涂料	√	√	√	√	—	√	—	—	—	—	√	√
氨基涂料	√	√	—	—	—	—	—	√	—	—	√	—
硝基涂料	√	—	—	—	—	—	—	—	—	—	—	—
酚醛涂料	√	—	—	√	—	√	√	√	√	—	√	—
橡胶/沥青涂料	√	○	○	—	—	—	√	—	—	—	—	√
丙烯酸涂料	√	—	—	—	—	—	—	—	—	—	—	—
环氧涂料	—	—	—	—	—	—	√	—	√	—	—	—
有机硅涂料	√	√	√	○	—	—	—	—	—	√	√	√
聚氨酯涂料	√	√	√	—	—	√	—	√	√	—	√	—

注:√表示适应性好;○表示适应性较好;—表示不适应。

2. 涂料的调制

在涂装使用前,应根据被涂件的涂装质量要求、涂装部位等对涂料加以调制。

(1) 通过包装核对涂料类别、名称、型号及品种。核对无误后,将涂料桶倒置并进行一定时间的摇晃,使涂料上下混合均匀,如图 6-1 所示。

(a) 核对涂料

(b) 倒置摇晃涂料

图 6-1　核对并将涂料桶倒置摇晃

(2) 打开涂料桶,观察涂料的外观质量并搅拌。开桶后,若发现涂料表面干结成皮,应揭掉皮膜。若发现涂料变色、浑浊、凝胶等变质现象,则不能使用。对于外观检查合格的涂料可以用清洁的搅拌工具进行上下初步搅拌,如图 6-2 所示。

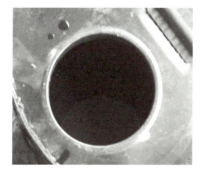
(a) 目测涂料外观质量

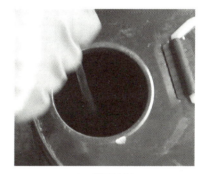
(b) 搅拌涂料

图 6-2　目测涂料外观质量并搅拌

(3) 调制并测定涂料的黏度。按工艺规定黏度分多次加入适量稀释剂,进行充分搅拌至稀释均匀、颜色一致,如图 6-3 所示。若需加入辅助材料,也在此步加入调制。可用黏度计测量涂料黏度。常用黏度计如图 6-4 所示。

(a) 分多次加入适量稀释剂

(b) 充分搅拌涂料

图 6-3　调制涂料

> 提示：黏度测量结果不符合要求的，则应通过添加稀释剂或涂料进行适当调整，直至黏度合格为止。

（4）过滤涂料。无论哪种涂料调制后都应过滤后使用，如图 6-5 所示。要求装饰性高的涂料，一般过滤两次为宜。

图 6-4　黏度计

图 6-5　过滤涂料

> 提示：涂料调制的时间要按照先用先调、后用后调的原则，应从底层开始，依次进行。涂装过程中，若出现橘皮、颗粒、针孔、起皱、麻点、流挂、露底、失光、气泡、皱纹等现象，应及时从涂料调制中查找问题。

6.2　涂漆

涂漆是指将涂料涂布到经过表面清洁的物件表面上，经干燥成膜，形成具有防护、装饰和特定功能涂层的过程。

6.2.1　常用涂漆方法

1. 刷涂法

刷涂是涂装方法中使用最早、最简单、最普遍的方法之一。刷涂相对节省涂料，适应性强，不受场地大小、被涂饰物件形状和大小的限制。但效率低，涂膜外观质量不好。

> 提示：刷涂工艺适合慢干性涂料，而快干性涂料刷涂难度较大。

1）刷涂施工工具

刷涂施工的刷子种类较多，刷头的制作材料主要有鬃、羊毛、马尾、狼毫、人发棕丝和合成纤维，常用的油漆刷如图 6-6 所示。

(a) 偏刷　　　　　(b) 歪脖刷　　　　　(c) 排笔刷　　　　　(d) 底纹笔刷

图 6-6　常用的油漆刷

2）刷涂施工方法

刷涂的基本步骤分为蘸油、摊油和理油三步,漆刷的握法如图 6-7 所示。

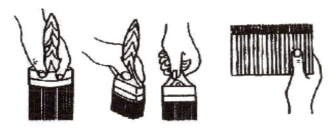

图 6-7　漆刷的握法

提示：开始施工前,整理刷子,梳理清除其中的断毛、脱毛,用溶剂湿润刷毛,甩干多余的溶剂,然后进行蘸油、摊油、理油三个操作过程,如图 6-8 所示。

(a) 整理刷子　　　　　　　　　　　　(b) 用溶剂湿润刷毛

图 6-8　整理并用溶剂湿润刷毛

（1）蘸油。先将漆刷浸湿,甩干,将全刷毛的 1/2 刷毛浸满涂料,浸满涂料后将漆刷在容器口边刮去多余的涂料,或在容器边沿内侧轻拍一下,理顺刷毛并去掉多余的涂料,如图 6-9 所示。

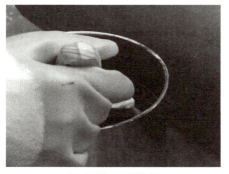 

(a) 1/2 刷毛浸满涂料　　　　　　　　(b) 理顺刷毛并去掉多余的涂料

图 6-9　蘸油

提示：蘸取涂料过多,容易导致涂膜流挂或滴落,给施工带来困难。

（2）摊油。用力要均匀,刷子的运行轨迹如图 6-10(a)所示,并根据涂料在被涂物表面的流平和渗透情况,保留一定的间隔。摊完油后要抹平,如图 6-10(b)所示,用不蘸油的刷子将摊好的涂料向横向、斜向均匀地展开抹平,使所有的间隙表面都涂覆上涂料,被涂面不露底色。

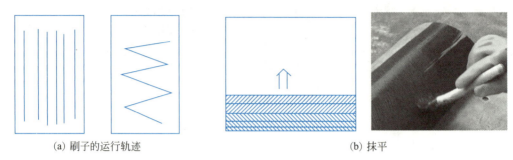

(a) 刷子的运行轨迹　　　　　　　　　　　(b) 抹平

图 6-10　摊油

(3) 理油,又称修整,如图 6-11 所示,即按照一定的方向刷匀涂料,走刷须平稳,整个修整过程运刷要均匀,不能中途停顿后再起刷,以免留下刷痕。在走刷的同时逐渐将刷子抬起留下接茬口,为下一次蘸油、摊油、理油留下一层薄薄的涂层搭接用。

图 6-11　理油

提示:刷涂时蘸取涂料、摊油和理油几个步骤是连贯进行的,不能停顿有间隙,几个步骤融合在一起一次完成。

摊油中的抹平和理油操作是有区别的,抹平时漆刷处于垂直状态,用力将刷毛大部分黏附在被涂物表面运行。理油时漆刷向运行方向倾斜,用刷毛的前端轻轻刷涂,目的是消除刷痕与漆膜厚薄不均现象,使涂膜厚薄均匀。

刷涂操作时,注意起刷和收刷要稍轻,刷子要走平。

2. 空气喷涂法

空气喷涂法是利用压缩空气或高压等其他方式做动力,将涂料从喷枪嘴中喷出,成雾状分散沉积在被涂物面上,形成均匀涂膜的一种涂装方法。

> **提示**：空气喷涂法效率是各类涂漆方法中最高的，最适合大面积施工，对缝隙、小孔、倾斜、曲线、凹凸等各种复杂形状的物面都能适应，且涂膜美观、平整、光滑。不足之处是涂料利用率低。

1）空气喷涂设备及工具

空气喷涂的设备包括喷房、喷枪、油漆导管、油水分离器、供漆罐、空气压缩机等。常用喷枪类型如图 6-12 所示。

  (a) 压送式   (b) 吸上式   (c) 重力式

图 6-12 空气喷涂常用喷枪类型

> **提示**：喷枪喷嘴的气孔必须保持畅通，疏通的方法是把机头取下，浸泡在稀释剂中，使孔内积漆变软后，用气吹通即可。不允许用针等硬物扎出气孔，以免使出气孔变形，导致喷嘴报废。喷枪每次使用完后要用稀料洗净喷嘴、枪身，并吹干放置，不允许在喷枪内残存漆液。

2）空气喷涂施工方法

空气喷涂的施工方法有纵横交错喷涂和双重喷涂（压枪法）两种。常用的是双重喷涂法，具体喷涂方法如下。

（1）握枪。如图 6-13 所示，无名指和小指轻轻拢住枪柄，食指和中指勾住扳机，枪柄夹在虎口中。放松上身，肩下沉。

图 6-13 握枪

（2）走枪。由于喷枪喷出的喷雾呈锥形射向零件表面，喷雾中心的喷束距离零件表面最近,其余喷束距离零件表面较远。零件表面接收喷雾中心的漆料落点多,中心边缘的就少。因此双重喷涂法的后一枪喷雾要压住前一枪的部分喷雾,依次走枪直至喷涂完成,使涂膜厚薄一致,如图6-14所示。大型喷枪喷涂距离为200～300mm,小型喷枪施工距离为150～250mm。

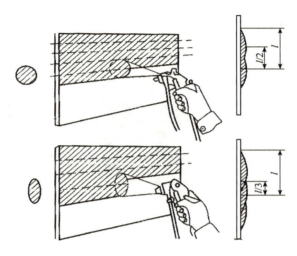

图6-14　喷枪的运行方式和喷雾图样搭接情况

> 提示：起始走枪不能正对物面,将喷枪对准喷涂面侧缘外部,缓慢匀速地移动喷枪,在接近侧缘前扣动扳机,喷枪移动到零件表面末端后,不立即放松扳机,待喷枪移出零件表面边缘后再放松扳机,即起枪和收枪均在零件被涂面之外。也可在开始走枪或准备收枪时调整枪与零件的距离,拉大喷枪与零件的距离。如此运行保证起始和收尾处涂膜较中间部位薄,使上下枪的搭接处涂膜厚度均匀,还可防止流挂。

整个喷涂过程中要找准喷枪要去的位置,以及喷枪喷雾束落下的位置,并始终保持枪与被涂零件垂直,如图6-15所示。垂直的位置要靠身体移动来保证。喷枪移动速度要稳定不变,一般为10～12m/min,每次喷涂距离最长为1.5m左右。

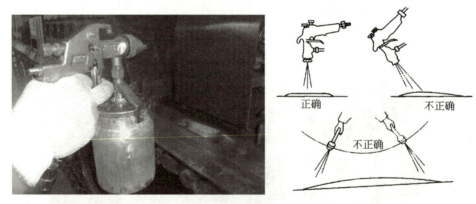

图6-15　喷枪与零件表面间的关系

6.2.2　涂漆工艺

涂漆全过程一般包含表面预处理、涂料涂布和干燥三个基本步骤。具体工艺流程是:除油—冲洗—除锈(含除旧漆)—冲洗—涂底漆(防锈)—刮腻子灰—涂面漆—抛光。

> **提示**：工作中可根据表面要求，适当增减工序。如质量要求不高的一般不需刮腻子，也不用抛光等，但装饰性要求高的，需多次重复"刮腻子—打磨及涂面漆—抛光—涂面漆"的工序。

1. 表面预处理

涂漆的表面预处理与发蓝、磷化的预处理一样，为涂漆准备清洁、干净的金属基体表面，因此，涂漆的表面预处理包括除油和除锈。对于表面有旧漆的，还需要除旧漆，具体方法见项目4。

2. 涂料涂布

(1) 涂底漆。底漆是第一道涂层，要求防锈力强，附着性好，与面漆有良好的结合力。为此预处理后，要尽快涂刷底漆。喷砂的零件放置时间最多不应超过6小时。经过磷化处理的零件也不能超过24小时。对于涂装要求较高的零件，涂底漆之前一般采用磷化处理来防锈；对于普通零件，可以通过涂防锈底漆来达到防锈的目的。表6-7为常用底漆配方。

表6-7 常用底漆配方

常用底漆名称	具体配方			
环氧底漆/ 丙烯酸底漆	环氧/丙烯酸底漆	固化剂	稀释剂	稀释剂可采用200#溶剂汽油、97#或93#汽油，根据实际需要调配，一般不超过总漆量的10%
	4	1	0～10%	
磷化底漆 (双罐装)	基液		磷化液	磷化底漆中颜料、树脂(固体)、磷酸三者的比例在1:1:0.5左右
	4		1	
聚苯乙烯底漆	聚苯乙烯树脂	颜料	催干剂	助溶剂
	43.79%	43.79%	2.5%	10%
铁红醇酸底漆 C06-F1	P型醇酸涂料稀释剂3%～5%			打开后搅拌均匀即可使用；理论用量120g/m²

涂底漆可以采用刷涂法或喷涂法。底漆的黏度应小于下一涂层的黏度，以增强底漆与下一涂层的附着力。

> **提示**：在施工时，头道底漆宜采用刷涂法，黏度可适当高些，这是由于刷涂法可使涂料渗透进零件的细孔和缝隙中，起到应有的防渗透作用，在采用喷涂法喷涂时，应注意均匀不流挂。
> 丙烯酸底漆的亮度好，彩度高，但成本较高。磷化底漆有单罐装和双罐装两种。双罐装的磷化底漆使用期限为8～12h，涂膜在常温时的干燥时间为半小时。与环氧底漆相比，聚苯乙烯底漆干燥时间短，硬度大，机械性能好，有较强的附着性，底漆可不干燥。铁醇酸红底漆一般还可与200#溶剂汽油调配，也可用97#或93#汽油稀释。

(2) 刮腻子灰。刮腻子时，先填凹坑后再普遍刮，使腻子层填满孔隙，使被涂表面平整、光滑、易打磨。为此，可刮几遍腻子，刮完后，应使腻子层达到平整、光滑的效果。刮腻子常用工具如图6-16所示。

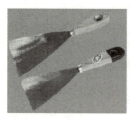  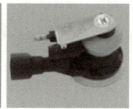 

(a) 刮刀　　　(b) 腻子托盘　　　(c) 腻子打磨机　　　(d) 腻子手工打磨工具

图 6-16　刮腻子常用工具

> 提示：腻子是由大量的填充料和黏结剂等所组成的一种黏稠的浆状涂料。常采用成品腻子中的原子灰（或聚酯腻子），此腻子为双组分，使用时需按比例加入固化剂调配均匀。一般固化剂用量为腻子的2％～4％，常温2h即可干燥。保护性涂层可不刮腻子。
> 填刮多道腻子时，应在前道腻子干燥后打磨再刮涂。

（3）涂面漆。待底漆或腻子干透后，用 400#、500# 或 600# 细砂纸打磨表面，然后涂面漆。常用于金属涂饰的面漆有丙烯酸烤漆和普通面漆中的醇酸磁漆。

> 提示：丙烯酸烤漆使用时需添加固化剂和稀释剂，丙烯酸和固化剂的比例是2∶1，添加的稀释剂占总漆量的5％～10％；该漆膜丰满、平整光亮、附着力好、耐磨、耐冲击、柔韧性好，可在室温下固化成膜，施工温度范围是5～40℃，100～130℃烘干，10～15min均可；刷涂、喷涂均可。
> 醇酸磁漆可用专用稀释剂或200#溶剂汽油来稀释调节施工黏度，醇酸磁漆和200#溶剂汽油的比例约为2∶1；刷涂、喷涂均可。

3. 干燥

涂料的干燥方法应该满足涂料性质所要求的干燥条件，干燥后漆膜性能可以得到最大限度地发挥和适应生产作业的要求。一般可归纳为以下三种类型。

（1）自然干燥。在自然条件或常温下干燥，又称自干和气干。
（2）加热干燥。给予热量使漆膜干燥，又称烘干。
（3）高能辐射干燥。包括紫外线照射固化和电子束辐射固化等。

常用的是自然干燥方法，即在室温下自干。如磷化底漆（X06-1）实干时间≤30min，醇酸漆的干燥时间≤24h，过氯乙烯磁漆实干时间≤1～2h。

6.2.3　涂膜质量检验

涂装质量的好坏，最终必须体现在涂膜质量的优劣上，因而涂装后的质量检测主要是对涂膜外观和性能（涂膜的机械性能和具有保护功能的特殊性能）的检测。其中机械性能在涂装质量检测中必须检测的，而具有保护功能的特殊性能则可根据不同使用要求选择性地进行检测。对于漆膜而言，必须进行外观检测，即用肉眼观察漆膜外观，膜层厚薄均匀，应无颗粒、缩孔、针孔、斑痕、橘皮状，无露底、咬底、白化等现象，用手摸应平整光滑，无粗糙的感觉。

6.2.4　常规涂漆缺陷及防治方法

涂漆过程中常出现的缺陷、产生原因及防治方法见表6-8。

表 6-8　涂膜缺陷、产生原因及防治方法

缺陷	产 生 原 因	防 治 方 法
流挂	溶剂挥发过慢或不配套；喷涂的湿膜太厚；涂料黏度太低；在光滑的旧漆膜上喷涂	正确选择溶剂；提高喷涂操作的熟练程度；严格控制涂料的施工黏度和环境温度；在旧涂膜上涂装新涂料时要预先打磨
起泡	涂装后，立即高温烘烤；涂装前被涂面处理不干净；涂层过厚或涂料黏度过大；搅拌时混入涂料中的气体未释放就涂装	遵守工艺规定的干燥温度和时间；保证被涂物表面洁净，喷涂的压缩空气中不准混油、水等；施工黏度应符合规范；可在涂料中添加消泡剂
颗粒	涂装场所灰尘多；涂料未过滤，易沉淀的涂料搅拌不充分；被涂物表面不洁净；涂料变质	空气除尘要充分；涂料应充分搅拌均匀，并在供漆管上安装过滤器；被涂物表面应清洁，操作者不应穿戴易脱落纤维的工作服及手套
露底或盖底	选用的涂料遮盖力差；使用前搅拌不充分或涂料黏度偏低；涂膜过薄；被涂物外形复杂；底漆和面漆的色差过大	选用遮盖力强的涂料；适当提高涂料施工黏度，使用前充分搅拌均匀；不得漏涂复杂的被涂物；尽量选用底漆和面漆相似的颜色涂料
咬底	底层涂料未干就涂面层涂料；涂料不配套	严格遵循底层实干后再涂面层的涂装原则；选用合适的涂料体系，除单一涂层外，复合涂层的底层、中间层、面层涂料及其稀释剂应配套使用
白化、发白	涂装场所湿度太高；所用的有机溶剂沸点低且挥发太快；溶剂与稀释剂的选用和比例不当或混入了水分	涂装场所的相对湿度最好不要超过70%，涂装前应将被涂物预热，使其比环境温度高10℃左右；选用沸点高、挥发速度较低的有机溶剂；选用匹配和比例适当的溶剂和稀释剂
起皱	底层涂料未干就涂面层涂料，涂层过厚；涂膜烘干升温过急；涂料中加入的油料、催干剂不当	底层干透后再涂面层，按工艺规定调制涂料的黏度；严格执行晾干和烘干的工艺规范；涂装前加入一定比例的催干剂或少量硅油、适量防皱剂

提示： 涂装过程中出现的涂膜缺陷，与被涂物的状态、选用的涂料能否满足产品涂装目的和质量要求、涂装方法及设备、涂装工艺、涂装环境及操作者的技术水平等因素有关。

涂装施工时应选良好的天气，尽量避免在阴雨、潮湿、有雾及风沙大的天气施工，以免影响施工质量。在北方严寒天施工时，涂膜不易干燥，可加入不超过2%～5%催干剂（G-6、G-7），工作现场要求无灰尘。

拓展阅读

1. 常用黏度计测定黏度的原理简介

较为常见的黏度计有涂-4 黏度计（T-4 杯）和涂-1 黏度计（T-1 杯），涂-4 黏度计用于测定黏度在150s以下的涂料产品，涂-1 黏度计用于测定黏度不低于20s、按产品标准规定必须加温进行测定的黏度较大的涂料产品。这两种黏度计测定黏度的原理相同，就是将一定量的涂料产品在一定温度下从规定直径的孔中流出，记录所需时间，此时间（以 s 为单位）即为该涂料的黏度。

2. 其他涂漆方法简介

（1）浸渍

电机定子、转子、变压器绕组等电器维修后常用浸渍的方法涂漆。具体的方法有热浸渍和冷浸渍两种。热浸渍就是将需浸渍的零件在适当温度下烘烤 5～10h 后，冷却至 60～70℃后再放入漆槽中浸渍 10～30min 左右，取出在常温下静置 1h 后放入烘箱干燥。为提高质量，一般需浸渍两次。冷浸渍零件直接在常温下浸渍。

（2）电泳涂漆

电泳涂漆也叫镀漆，利用水溶性漆液在水中离解后，依靠直流电的作用，使金属表面获得均匀涂层的工艺。电泳涂漆的优点是施工速度快，可机械化和自动作业；电泳涂料用水作溶剂，减少了有机溶剂中毒和火灾等危险，大大改善了劳动条件；漆膜均匀，附着力强，质量好；漆利用率高达 90%～95%，广泛应用于自行车、摩托车、汽车、飞机、电机及其他机械上。

电泳漆品种有油性电泳底漆（如 Y06-1）、油性水溶漆（如 Y08-1）、酚醛水溶漆（如 F08-1）等。电泳涂漆工艺流程一般是：磷化—水洗—电泳涂漆—水洗—烘干。

（3）高压无气喷涂法

喷涂法按喷涂设备可分为空气喷涂法、高压无气喷涂法、静电喷涂法及粉末涂装法等多种。高压无气喷涂是涂料施工的一项新工艺，它是利用压缩空气（4×10^5～6×10^5 Pa）驱动高压泵，使涂料吸入并增至高压（120×10^5～170×10^5 Pa），当通过高压喷枪或高电压静电喷枪的特殊喷嘴喷出到大气中时，立刻剧烈膨胀，雾化成极小的漆粒被喷到零件上，经自干或烘干形成均匀的涂膜。此法可分为热喷型、冷喷型和静电涂装型三种。因此漆料不含有压缩空气中的水分与杂质，提高了漆膜的质量。

高压无气喷涂一次喷涂就能渗入缝隙或凹陷处，尤其是对除锈后的粗糙表面更为适宜。由于高压无气喷涂每只枪每分钟可喷 3～5m^2 面积，所以特别适合于大面积施工，使生产效率提高了几十倍。缺点是不适于喷涂高装饰薄层涂膜，操作时喷涂幅度和喷出量不能调节，必须更换喷嘴才能达到调节的目的。

6.3　迷彩漆

6.3.1　迷彩漆的定义

迷彩漆又叫光学伪装涂料，其伪装作用主要是防备光学侦察器材的探测。其实质就是以喷涂迷彩漆的方式消除、降低目标与背景之间的光学特征差别，使目标融合于背景中而难以被发现。

6.3.2　迷彩漆的颜色定义

我国现用迷彩漆主要以三色迷彩为主。三色迷彩可以兼顾远距离（2000m 以上）和近距离（800m 以内）的变形视觉效果，确保良好的伪装效果。同时，应减少颜色品种，有利于降低迷彩漆喷涂作业的繁杂性，提高效率。

三色迷彩通常是由中间色、亮差别色及暗差别色组成的。中间色应与背景中的主要背景颜色相接近。亮、暗差别色与中间色之间的亮度对比应不小于 0.4。

6.3.3 迷彩漆的物理化学特性与配置原则

1. 迷彩漆的物理化学特性

迷彩漆除具有良好的伪装效果外,对附着力、硬度、柔韧度、耐冲击性、耐盐水性、耐汽油性、耐热性、耐盐雾性及耐湿热性等都有极高的要求,一般采用丙烯酸聚氨酯涂料。

2. 迷彩斑点的配置原则

为了达到分割、歪曲目标外形轮廓的要求,变形迷彩斑点配置应遵循以下原则。

(1)变形迷彩斑点的形状应由不规则的曲线轮廓构成;同一颜色的斑点宜采用形状不同、大小不等的斑点。

(2)中间色斑点和对比色斑点应交错配置;变形迷彩斑点不应对称配置。

(3)斑点不应在喷涂件轮廓边缘中断,应延伸到另一表面上去,延伸时斑点的长径与喷涂件的棱线应以锐角相交。

(4)凸出部位宜配置暗斑点,凹进部位宜配置亮斑点,且斑点的中心不应与凸出部位或凹进部位的顶点相重合。

(5)顶部宜多配置暗斑点,阴暗面宜多配置亮斑点,且将暗斑点延伸;孔口部位应配置暗斑点,不得重复孔口部位的轮廓。

6.3.4 图案类别

依据我国自然背景的分布,迷彩图案分为林地南方型、林地北方型、草原型、荒漠型和雪地型五大类。各类别的斑点颜色种类见表6-9。

表6-9 迷彩漆类别

图案类别	斑点颜色种类		
林地南方型	黄绿色	褐土色	深绿色
林地北方型	中绿色	黄土色	深绿色
草原型	中绿色	黄土色	深绿色
荒漠型	灰土色	黄土色	中绿色
雪地型	白色	黄土色	深绿色

6.4 任务与实施

任务 1 钢件表面涂漆

1. 任务内容

对钢件表面进行涂漆。

2. 任务目标

(1)会调制涂料。

(2)会使用刷漆工具和喷漆设备。

(3) 学会对金属件的涂漆操作。

3. 任务实施器材

漆刷、盛漆容器、喷枪、空气胶管、防护面罩、手套、空气压缩机、油水分离器、刷涂工作台、醇酸铁红底漆、醇酸磁漆、固化剂等。涂漆用部分器材如图6-17所示。

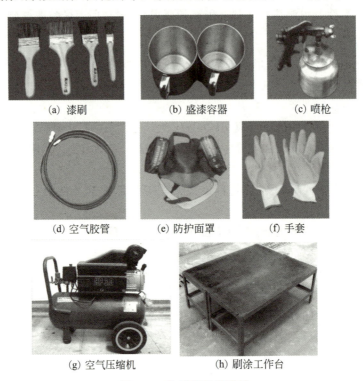

图 6-17　涂漆用部分器材

4. 任务实施

本任务采用"除油—冲洗—除锈（除旧漆）—冲洗、晾干—刷涂底漆—喷涂面漆"的工艺流程。

1）预处理

预处理包括除油、除锈等。除油、除锈步骤参考项目5的任务1。对于旧件翻新，在除油、除锈之前，用机械除旧漆法（如喷砂）将旧件表面的旧漆除掉。

2）涂料调制与涂布

（1）调制并刷涂底漆。将涂料搅拌均匀，去掉结皮渣质等物，调至适当黏度（40～100s），然后用漆刷蘸漆涂刷。漆刷每次浸入涂料中的长度不应超过刷毛的1/2。涂刷时应有秩序地进行。如从左至右，由上而下，先难后易，最后的刷涂纹路应一致，并轻轻用漆刷修饰边缘棱角。切忌不分左右、上下乱刷。

在零件表面刷涂一道调制的自干型防锈底漆，在室温下自干或在85～90℃下烘干30～40min。

提示：刷涂适宜的施工黏度应以使漆刷蘸起的涂料不会迅速从刷毛上流下，漆刷按在涂敷面上时涂料能从刷毛中顺畅流出、刷动轻快、涂料流平良好为佳。

（2）调制并喷涂面漆。喷涂前应将面漆黏度调至 18～22s，供给喷枪的压力一般在 0.4～0.6MPa，喷枪口与零件表面的距离以 150～300mm 为宜。喷涂前应先试喷，通过调整喷枪喷嘴和空气螺栓，如图 6-18 所示，控制喷出的漆雾形状和油漆的雾化情况，使之符合喷涂要求。"横喷"时漆雾形状调整为纵横比大于 1 的椭圆形，"直喷"时漆雾形状调整为纵横比小于 1 的椭圆形，如图 6-19 所示。

(a) 调整喷枪喷嘴

(b) 调整喷枪空气螺栓

图 6-18　调整喷枪

(a) "横喷"时漆雾形状

(b) "直喷"时漆雾形状

图 6-19　喷雾形状

喷涂操作时应遵循从里到外、从上到下、从左到右、从边角到大面、先难后易的顺序，做到喷条间约有 1/3 的重叠。"横喷"时左右走枪，成外"八"形站立，"直喷"时上下走枪，脚一前一后成直线站立，如图 6-20 所示。操作者与零件之间的距离恒定，确保涂膜厚薄均匀。

(a) "横喷"时站姿

(b) "直喷"时站姿

图 6-20　喷涂面漆

喷涂一道面漆,在室温下自干或在100℃下烘60~90min。

提示:面漆的调制可在等待前道工序干燥时进行。

3) 检查涂膜质量

涂膜应干透、均匀,不允许有露底、漏喷现象,外表面不允许有流痕。

4) 填表

将涂漆实践情况填入表6-10中。

表6-10 涂漆实践情况记录表

实践名称	钢表面涂漆	时间	年 月 日	地点	
实践人员					
实践步骤记录					
漆膜质量检验记录					
实践结果分析					

提示:临时不用的涂刷用具,为防止干固,可用水浸泡起来;长期不用的涂刷用具,则应用溶剂洗干净存放。暂时剩余的涂料为防止结皮,可在表面上倒些稀释剂,再用时搅匀即可。较长时间不再用的涂料,将牛皮纸用水浸湿,紧贴覆盖在涂料面上。

目前市场上有不用空气压缩机的电动喷枪和自带喷涂装置的自喷罐装漆。自喷罐装漆每罐约400mL,不用电源与气源,使用极方便。

5) 操作注意事项

(1) 防火防爆。施工现场严禁吸烟,不准携带火柴、打火机和其他火种进入工作场地,注意排风和排气,有限空间防止室内温度过高。

(2) 防毒。绝大部分涂料都含有有毒的成膜物质或溶剂。因此施工时必须带上防护用具如口罩等,现场应通风良好,工作完毕一定要洗手洗面,若有可能,应进行淋浴。

(3) 防变质。各种涂料均有一定的贮存期限,不要积压。贮存场所应干燥通风,阴凉隔热。库存涂料为防止沉淀变质,应定期做上下颠倒放置。各种油漆尽量现配现用。

(4) 正确配套。使用时必须按照各涂料的性能正确地选配底漆、面漆、稀释剂的品种,保证涂层质量及便于施工。配套中一定要注意底漆与面漆之间不应发生不良作用。

(5) 防尘。工作现场要求无灰尘。

任务2 迷彩漆的涂制

1. 任务内容

运用前面所学的涂漆知识及迷彩漆喷涂工艺与方法步骤提示,完成工具箱表面的迷彩漆喷涂。

2. 任务目标

学会迷彩漆的涂制。

3. 任务实施器材

漆刷、盛漆容器、刷涂工作台、空气压缩机、油水分离器、喷枪、空气胶管、防护面罩、环氧底漆、迷彩用各类面漆、固化剂等。

4. 任务实施

本任务采用"除油—冲洗—除锈(除旧漆)—冲洗、晾干—喷涂底漆—喷涂基准色面漆—绘制迷彩图案—喷涂迷彩图案—喷涂面漆"的工艺流程。

预处理包括除油、除锈等。除油、除锈步骤参考项目 5 的任务 1。对于旧件翻新,在除油、除锈之前,用机械除旧漆法(如喷砂)将旧件表面的旧漆除掉。

迷彩漆喷涂工艺与方法步骤如下。

1) 调制并喷涂底漆

参考本项目任务 1 中"钢件表面涂漆"的操作步骤与方法。

在室温下自干或在 85~90℃下烘干 30~40min。

2) 喷涂基准色面漆

(1) 根据喷涂面的大小选择斑点的图形及颜色种类,如图 6-21 所示。

(a) 南方林地迷彩　　　　(b) 荒漠型迷彩

图 6-21　迷彩斑点的图形及颜色示例

(2) 按照施工要求,调整好油漆的黏度,用压送式或吸上式喷枪喷涂两道面漆。漆面颜色为迷彩漆中最大面积的基准色,要求漆面平整、光滑,无流挂、针孔、颗粒、缩孔、发花及遮盖不良等现象,如图 6-22 所示。

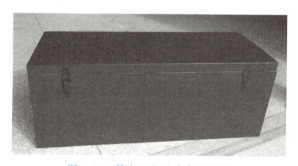

图 6-22　最大面积基准色的喷涂

（3）面漆干燥：喷涂面漆后 10min 左右，在设定温度为 60℃ 左右的烤房中烘烤 30～60min，或常温下自然晾干 2～3h，使油漆表面基本固化完全。

3）绘制迷彩图案

根据选定的迷彩图形，直接用五星特种铅笔(536)在喷好的面漆上绘制图案，并标注颜色代号。也可依靠模板绘制或用贴纸，如图 6-23 所示。

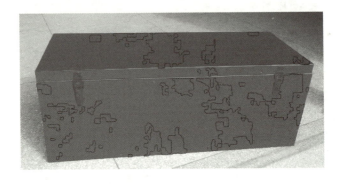

(a) 数码南方林地迷彩

(b) 绘图用贴纸　　　　　　　　　　(c) 绘图用模板

图 6-23　绘制迷彩图案

4）喷涂迷彩图案

如图 6-24 所示，用口径更小的喷枪喷涂第二种颜色的迷彩斑点。要求外观喷涂均匀，遮盖良好，无流漆及色浅等现象。具体操作步骤如下。

（1）用棉纱或棉布醮适量的溶剂，将斑点曲线轻轻擦拭，只留有隐约的痕迹。

（2）将喷枪的出漆量和风压调至较小的位置，沿着绘制的曲线痕迹先将某种颜色斑点的轮廓勾画出来，再喷涂整块斑点，直到该种颜色斑点完成。

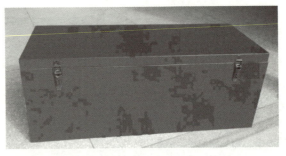

图 6-24　喷涂第二种颜色的迷彩斑点

5）重复喷涂迷彩图案

重复步骤4），完成其他颜色斑点的喷涂，如图6-25所示。

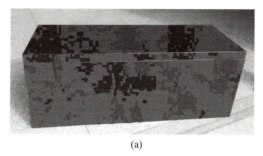

(a)

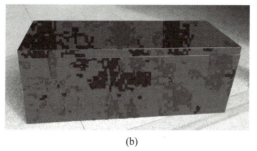

(b)

图 6-25 喷涂其他迷彩斑点

6）干燥

将喷涂好的工具箱进行干燥。

7）涂喷迷彩漆的注意事项

（1）细度对迷彩漆的光泽有很大的影响。迷彩漆的细度一般在 20～60μm。一般情况下，细度越大，光泽度越低，伪装性能越好，但施工性能和漆面外观则越差。因此在保证伪装效果的前提下，应尽量选择细度较低的油漆，以保证漆面外观质量和施工性能。

（2）绘制迷彩图案用笔为特种铅笔，对漆面无划伤及腐蚀作用。同时，勾画斑点时用力不要太重，以免喷涂时擦拭困难或出现划痕。另外，此种铅笔一般含有蜡质等有机成分，如果直接喷涂面漆，蜡质会严重影响油漆的附着力，且下部有蜡痕的漆面会形成一个明显的亮边，不符合油漆均匀一致的外观要求。可优先使用五星特种铅笔（536）绘制的迷彩图案，其整体喷涂效果较好。

（3）迷彩斑点绘制过程中应及时标注斑点的颜色编号，以免混淆。

（4）为使迷彩漆的喷涂效果达到美观、和谐和自然的最佳效果，迷彩斑点周围要求有一定量的漆雾过渡。漆雾的宽度需根据被涂物的面积大小及漆面外观要求而定。为达到这种效果，则需要通过选择喷枪的口径调整喷枪的出漆量、风压及喷涂角度和喷涂方式来控制，特别是喷枪与所喷斑点的角度，一般应呈 30°～45°。另外，应注意不能利用模板直接喷涂斑点，否则会造成斑点与整个面漆的过渡棱角分明，会有明显的台阶出现。

（5）对于较大面积的迷彩喷涂，一般不应采用喷笔。喷笔的一次出漆量太少，喷涂面积太小，严重影响生产效率。喷笔一般适合于小零件的喷涂或用于勾画斑点。

（6）每个迷彩斑点喷完后，应尽快在斑点及其四周喷涂一定量的稀释剂。稀释剂的主要作用是油漆在还未完全干透的情况下，使油漆颗粒能重新溶解一部分。消除人为喷涂过程中的条状痕迹及干湿不均的现象,使漆面更加平整、均匀、细腻。

6.5 复习思考题

1. 填空题

（1）涂料由_____、_____及_____三大部分组成。

（2）常用涂漆方法有_____和_____两种。

（3）涂料的命名原则是_____。

（4）涂料调制的基本步骤：_____。

（5）喷涂油漆时,喷枪与喷漆表面间应保持_____。

（6）在北方严寒天施工时,涂膜不易干燥,可加入不超过_____催干剂(G-6、G-7)。

（7）醇酸类涂料与硝基类涂料_____（能、不能）配套使用,而环氧底漆同醇酸、酚醛、沥青、硝基、过氯乙烯、氨基、丙烯酸、环氧、聚氨酯等涂料_____（能、不能）配套使用。

（8）涂漆全过程一般包含_____、_____和_____三个基本步骤。

（9）涂制迷彩漆全过程一般包含_____、_____、_____、_____、_____和_____六个基本步骤。

2. 判断题

（1）刷涂适宜的施工黏度应以使漆刷蘸起的涂料不会迅速从刷毛上流下,漆刷按在涂敷面上时涂料能从刷毛中顺畅流出,刷动轻快,涂料流平良好为佳。（ ）

（2）为了保证漆膜厚薄均匀,喷漆时起枪和收枪均在工件被涂面之外,也可在开始走枪或准备收枪时调整枪与零件的距离,拉大喷枪距零件的距离。（ ）

（3）涂装施工质量与天气关系不大,但要求工作现场无灰尘。（ ）

（4）涂漆防护件被涂漆前的表面状况及预处理情况对漆膜质量将会产生较大影响。（ ）

（5）只要面漆层涂料高级,整个涂膜就会达到非常好的涂装效果。（ ）

（6）喷漆时供给喷枪的压力一般在 0.2～0.4MPa 左右。（ ）

（7）刷涂工艺适合快干性涂料,而慢干性涂料刷涂难度较大。（ ）

（8）喷枪喷嘴的气孔一旦被积漆堵塞,可把机头取下,浸泡在稀释剂中,使孔内变软后,用气吹通即可,或用针等硬物扎出气孔使其通畅。（ ）

3. 简答题

（1）简述涂漆的基本工艺流程。

（2）常用涂漆方法有哪些？简要说明它们的优缺点。

（3）刷涂过程中所用的漆刷应如何保存？

（4）简述喷漆时的姿势要求。

（5）简述通用油漆与迷彩漆的涂制区别。

4. 应用实践题

收集本专业所用装备及工具的常用防护方法和防护效果。然后结合项目 5 和项目 6 的学习内容对目前采用的防护方法和防护效果进行分析和判断。

附　　录

附录 A　压痕直径与布氏硬度对照表

球直径 D/mm					试验力—压头球直径平方的比率 F/D^2						
					30	15	10	5	2.5	1.25*	1
					试验力 F/kgf						
10					3000	1500	1000	500	250	125	100
	5				750	—	250	125	62.5	31.25	25
		2.5			187.5	—	62.5	31.25	15.625	7.813	6.25
			2*		120	—	40	20	10	5	4
				1	30	—	10	5	2.5	1.25	1
压痕平均直径 d/mm					布氏硬度/HBS* 或 HBW						
2.40	1.200	0.600	0.480	0.240	653	327	218	109	54.5	27.2	21.8
2.42	1.210	0.605	0.484	0.242	643	321	214	107	53.5	26.8	21.4
2.44	1.220	0.610	0.488	0.244	632	316	211	105	52.7	26.3	21.1
2.46	1.230	0.615	0.492	0.246	621	311	207	104	51.8	25.9	20.7
2.48	1.240	0.620	0.496	0.248	611	306	204	102	50.9	25.5	20.4
2.50	1.250	0.625	0.500	0.250	601	301	200	100	50.1	25.1	20.0
2.52	1.260	0.630	0.504	0.252	592	296	197	98.6	49.3	24.7	19.7
2.54	1.270	0.635	0.508	0.254	582	291	194	97.1	48.5	24.3	19.4
2.56	1.280	0.640	0.512	0.256	573	287	191	95.5	47.8	23.9	19.1
2.58	1.290	0.645	0.516	0.258	564	282	188	94.0	47.0	23.5	18.8
2.60	1.300	0.650	0.520	0.260	555	278	185	92.6	46.3	23.1	18.5
2.62	1.310	0.655	0.524	0.262	547	273	182	91.1	45.6	22.3	18.2
2.64	1.320	0.660	0.528	0.264	538	269	179	89.7	44.9	22.4	17.9
2.66	1.330	0.665	0.532	0.266	530	265	177	88.4	44.2	22.1	17.7
2.68	1.340	0.670	0.536	0.268	522	261	174	87.0	43.5	21.8	17.4
2.70	1.350	0.675	0.540	0.270	514	257	171	85.7	42.9	21.4	17.1
2.72	1.360	0.680	0.544	0.272	507	253	169	84.4	42.2	21.1	16.9
2.74	1.370	0.685	0.548	0.274	499	250	166	83.2	41.6	20.8	16.6
2.76	1.380	0.690	0.552	0.276	492	246	164	81.9	41.0	20.5	16.4

续表

压痕平均直径 d/mm					布氏硬度/HBS* 或 HBW						
2.78	1.390	0.695	0.556	0.278	485	242	162	80.8	40.4	20.2	16.2
2.80	1.400	0.700	0.560	0.280	477	239	159	79.6	39.8	19.9	15.9
2.82	1.410	0.705	0.564	0.282	471	235	157	78.4	39.2	19.6	15.7
2.84	1.420	0.710	0.568	0.284	464	232	155	77.3	38.7	19.3	15.5
2.86	1.430	0.715	0.572	0.286	457	229	152	76.2	38.1	19.1	15.2
2.88	1.440	0.720	0.576	0.288	451	225	150	75.1	37.6	18.8	15.0
2.90	1.450	0.725	0.580	0.290	444	222	148	74.1	37.0	18.5	14.8
2.92	1.460	0.730	0.584	0.292	438	219	146	73.0	36.5	18.3	14.6
2.94	1.470	0.735	0.588	0.294	432	216	144	72.0	36.0	18.0	14.4
2.96	1.480	0.740	0.592	0.296	426	213	142	71.0	35.5	17.8	14.2
2.98	1.490	0.745	0.596	0.298	420	210	140	70.1	35.0	17.5	14.0
3.00	1.500	0.750	0.600	0.300	415	207	138	69.1	34.6	17.3	13.8
3.02	1.510	0.755	0.604	0.302	409	205	136	68.2	34.1	17.0	13.6
3.04	1.520	0.760	0.608	0.304	404	202	135	67.3	33.6	16.8	13.5
3.06	1.530	0.765	0.612	0.306	398	199	133	66.4	33.2	16.6	13.3
3.08	1.540	0.770	0.616	0.308	393	196	131	65.5	32.7	16.4	13.1
3.10	1.550	0.775	0.620	0.310	388	194	129	64.6	32.3	16.2	12.9
3.12	1.560	0.780	0.624	0.312	383	191	128	63.8	31.9	15.9	12.8
3.14	1.570	0.785	0.628	0.314	378	189	126	62.9	31.5	15.7	12.6
3.16	1.580	0.790	0.632	0.316	373	186	124	62.1	31.1	15.5	12.4
3.18	1.590	0.795	0.636	0.318	368	184	123	61.3	30.7	15.3	12.3
3.20	1.600	0.800	0.640	0.320	363	182	121	60.5	30.3	15.1	12.1
3.22	1.610	0.805	0.644	0.322	359	179	120	59.8	29.9	14.9	12.0
3.24	1.620	0.810	0.648	0.324	354	177	118	59.0	29.5	14.8	11.8
3.26	1.630	0.815	0.652	0.326	350	175	117	58.3	29.1	14.6	11.7
3.28	1.640	0.820	0.656	0.328	345	173	115	57.5	28.8	14.4	11.5
3.30	1.650	0.825	0.660	0.330	341	170	114	56.8	28.4	14.2	11.4
3.32	1.660	0.830	0.664	0.332	337	168	112	56.1	28.1	14.0	11.2
3.34	1.670	0.835	0.668	0.334	333	166	111	55.4	27.7	13.9	11.1
3.36	1.680	0.840	0.672	0.336	329	164	110	54.8	27.4	13.7	11.0
3.38	1.690	0.845	0.676	0.338	325	162	108	54.1	27.9	13.5	10.8
3.40	1.700	0.850	0.680	0.340	321	160	107	53.4	26.7	13.4	10.7

续表

压痕平均直径 d/mm					布氏硬度/HBS* 或 HBW						
3.42	1.710	0.855	0.684	0.342	317	158	106	52.8	26.4	13.2	10.6
3.44	1.720	0.860	0.688	0.344	313	156	104	52.2	26.1	13.0	10.4
3.46	1.730	0.865	0.692	0.346	309	155	103	51.5	25.8	12.9	10.3
3.48	1.740	0.870	0.696	0.348	306	153	102	50.9	25.5	12.7	10.2
3.50	1.750	0.875	0.700	0.350	302	151	101	50.3	25.2	12.6	10.1
3.52	1.760	0.880	0.704	0.352	298	149	99.5	49.7	24.9	12.4	9.95
3.54	1.770	0.885	0.708	0.354	295	147	98.3	49.2	24.6	12.3	9.83
3.56	1.780	0.890	0.712	0.356	292	146	97.2	48.6	24.3	12.1	9.72
3.58	1.790	0.895	0.716	0.358	288	144	96.1	48.0	24.0	12.0	9.61
3.60	1.800	0.900	0.720	0.360	285	142	95.0	47.5	23.7	11.9	9.50
3.62	1.810	0.905	0.724	0.362	282	141	93.9	46.9	23.5	11.7	9.39
3.64	1.820	0.910	0.728	0.364	278	139	92.8	46.4	23.2	11.6	9.28
3.66	1.830	0.915	0.732	0.366	275	138	91.8	45.9	22.9	11.5	9.18
3.68	1.840	0.920	0.736	0.368	272	136	90.7	45.4	22.7	11.3	9.07
3.70	1.850	0.925	0.740	0.370	269	135	89.7	44.9	22.4	11.2	8.97
3.72	1.860	0.930	0.744	0.372	266	133	88.7	44.4	22.2	11.1	8.87
3.74	1.870	0.935	0.748	0.374	263	132	87.7	43.9	21.9	11.0	8.77
3.76	1.880	0.940	0.752	0.376	260	130	86.8	43.4	21.7	10.8	8.68
3.78	1.890	0.945	0.756	0.378	257	129	85.8	42.9	21.5	10.7	8.58
3.80	1.900	0.950	0.760	0.380	255	127	84.9	42.4	21.2	10.6	8.49
3.82	1.910	0.955	0.764	0.382	252	126	83.9	42.0	21.0	10.5	8.39
3.84	1.920	0.960	0.768	0.384	249	125	83.0	41.5	20.8	10.4	8.30
3.86	1.930	0.965	0.772	0.386	246	123	82.1	41.1	20.5	10.3	8.21
3.88	1.940	0.970	0.776	0.388	244	122	81.3	40.6	20.3	10.2	8.13
3.90	1.950	0.975	0.780	0.390	241	121	80.4	40.2	20.1	10.0	8.04
3.92	1.960	0.980	0.784	0.392	239	119	79.5	39.8	19.9	9.94	7.95
3.94	1.970	0.985	0.788	0.394	236	118	78.7	39.4	19.7	9.84	7.87
3.96	1.980	0.990	0.792	0.396	234	117	77.9	38.9	19.5	9.73	7.79
3.98	1.990	0.995	0.796	0.398	231	116	77.1	38.5	19.3	9.63	7.71
4.00	2.000	1.000	0.800	0.400	229	114	76.3	38.1	19.1	9.53	7.63
4.02	2.010	1.005	0.804	0.402	226	113	75.5	37.7	18.9	9.43	7.55
4.04	2.020	1.010	0.808	0.404	224	112	74.7	37.3	18.7	9.34	7.47

续表

压痕平均直径 d/mm					布氏硬度/HBS 或 HBW						
4.06	2.030	1.015	0.812	0.406	222	111	73.9	37.0	18.5	9.24	7.39
4.08	2.040	1.020	0.816	0.408	219	110	73.2	36.6	18.3	9.14	7.32
4.10	2.050	1.025	0.820	0.410	217	109	72.4	36.2	18.1	9.05	7.24
4.12	2.060	1.030	0.824	0.412	215	108	71.7	35.8	17.0	9.00	7.19
4.14	2.070	1.035	0.828	0.414	213	106	71.0	35.5	17.7	8.87	7.10
4.16	2.080	1.040	0.832	0.416	211	105	70.2	35.1	17.6	8.78	7.02
4.18	2.090	1.045	0.836	0.418	209	104	69.5	34.8	17.4	8.69	6.95
4.20	2.100	1.050	0.840	0.420	207	103	68.8	34.4	17.2	8.61	6.88
4.22	2.110	1.055	0.844	0.422	204	102	68.2	34.1	17.0	8.52	6.82
4.24	2.120	1.060	0.848	0.424	202	101	67.5	33.7	16.9	8.44	6.75
4.26	2.130	1.065	0.852	0.426	200	100	66.8	33.4	16.7	8.35	6.68
4.28	2.140	1.070	0.856	0.428	198	99.2	66.2	33.1	16.5	8.27	6.62
4.30	2.150	1.075	0.860	0.430	197	98.3	65.5	32.8	16.4	8.19	6.55
4.32	2.160	1.080	0.864	0.432	195	97.3	64.9	32.4	16.2	8.11	6.49
4.34	2.170	1.085	0.868	0.434	193	9604	64.2	32.1	16.1	8.03	6.42
4.36	2.180	1.090	0.872	0.436	191	95.4	63.6	31.8	15.9	7.95	6.36
4.38	2.190	1.095	0.876	0.438	189	94.5	63.0	31.5	15.8	7.88	6.30
4.40	2.200	1.100	0.880	0.440	187	93.6	62.4	31.2	15.6	7.80	6.24
4.42	2.210	1.105	0.884	0.442	185	92.7	61.8	30.9	15.5	7.73	6.18
4.44	2.220	1.110	0.888	0.444	184	92.8	61.2	30.6	15.3	7.65	6.12
4.46	2.230	1.115	0.892	0.446	182	91.0	60.6	30.3	15.2	7.58	6.06
4.48	2.240	1.120	0.896	0.448	180	90.1	60.1	30.0	15.0	7.51	6.01
4.50	2.250	1.125	0.900	0.450	179	89.3	59.5	29.8	14.9	7.44	5.95
4.52	2.260	1.130	0.904	0.452	177	88.4	59.0	29.5	14.7	7.37	5.90
4.54	2.270	1.135	0.908	0.454	175	87.6	58.4	29.2	14.6	7.30	5.84
4.56	2.280	1.140	0.912	0.456	174	86.8	57.9	28.9	14.5	7.23	5.79
4.58	2.290	1.145	0.916	0.458	172	86.0	57.3	28.7	14.3	7.17	5.73
4.60	2.300	1.150	0.920	0.460	170	85.2	56.8	28.4	14.2	7.10	5.68
4.62	2.310	1.155	0.924	0.462	169	84.4	56.3	28.1	14.1	7.03	5.63
4.64	2.320	1.160	0.928	0.464	167	83.6	55.8	27.9	13.9	6.97	5.58
4.66	2.330	1.165	0.932	0.466	166	82.9	55.3	27.6	13.8	6.91	5.53
4.68	2.340	1.170	0.936	0.468	164	82.1	54.8	27.4	13.7	6.84	5.48

续表

压痕平均直径 d/mm					布氏硬度/HBS* 或 HBW						
4.70	2.350	1.175	0.940	0.470	163	81.4	54.3	27.1	13.6	6.78	5.43
4.72	2.360	1.180	0.944	0.472	161	80.7	53.8	26.9	13.4	6.72	5.38
4.74	2.370	1.185	0.948	0.474	160	79.9	53.3	26.6	13.3	6.66	5.33
4.76	2.380	1.190	0.952	0.476	158	79.2	52.8	26.4	13.2	6.60	5.28
4.78	2.390	1.195	0.956	0.478	157	78.5	52.3	26.2	13.1	6.54	5.23
4.80	2.400	1.200	0.960	0.480	156	77.8	51.9	25.9	13.0	6.48	5.19
4.82	2.410	1.205	0.964	0.482	154	77.1	51.4	25.7	12.9	6.43	5.14
4.84	2.420	1.210	0.968	0.484	153	76.4	51.0	25.5	12.7	6.37	5.10
4.86	2.430	1.215	0.972	0.486	152	75.8	50.5	25.3	12.6	6.31	5.05
4.88	2.440	1.220	0.976	0.488	150	75.1	50.1	25.0	12.5	6.26	5.01
4.90	2.450	1.225	0.980	0.490	149	74.4	49.6	24.8	12.4	6.20	4.96
4.92	2.460	1.230	0.984	0.492	148	73.8	49.2	24.6	12.3	6.15	4.92
4.94	2.470	1.235	0.988	0.494	146	73.2	48.8	24.4	12.2	6.10	4.88
4.96	2.480	1.240	0.992	0.496	145	72.5	48.3	24.2	12.1	6.04	4.83
4.98	2.490	1.245	0.996	0.498	144	71.9	47.9	24.0	12.0	5.99	4.79
5.00	2.500	1.250	1.000	0.500	143	71.3	47.5	23.8	11.9	5.94	4.75
5.02	2.510	1.255	1.004	0.502	141	70.7	47.1	23.6	11.8	5.89	4.71
5.04	2.520	1.260	1.008	0.504	140	70.1	46.7	23.4	11.7	5.84	4.67
5.06	2.530	1.265	1.012	0.506	139	69.5	46.2	23.2	11.6	5.80	4.63
5.08	2.540	1.270	1.016	0.508	138	68.9	45.9	23.0	11.5	5.74	4.59
5.10	2.550	1.275	1.020	0.510	137	68.3	45.5	22.8	11.4	5.69	4.55
5.12	2.560	1.280	1.024	0.512	135	67.7	45.1	22.6	11.3	5.64	4.51
5.14	2.570	1.285	1.028	0.514	134	67.1	44.8	22.4	11.2	5.60	4.48
5.16	2.580	1.290	1.032	0.516	133	66.6	44.4	22.2	11.1	5.55	4.44
5.18	2.590	1.295	1.036	0.518	132	66.0	44.0	22.0	11.0	5.50	4.40
5.20	2.600	1.300	1.040	0.520	131	65.5	43.7	21.8	10.9	5.40	4.37
5.22	2.610	1.305	1.044	0.522	130	64.9	43.3	21.6	10.8	5.41	4.33
5.24	2.620	1.310	1.048	0.524	129	64.4	42.9	21.5	10.7	5.37	4.29
5.26	2.630	1.315	1.052	0.526	128	63.9	42.6	21.3	10.6	5.32	4.26
5.28	2.640	1.320	1.056	0.528	127	63.3	42.2	21.1	10.6	5.28	4.22
5.30	2.650	1.325	1.060	0.530	126	62.8	41.9	20.9	10.5	5.24	4.19
5.32	2.660	1.330	1.064	0.532	125	62.3	41.5	20.8	10.4	5.19	4.15

续表

压痕平均直径 d/mm					布氏硬度/HBS 或 HBW						
5.34	2.670	1.335	1.068	0.534	124	61.8	41.2	20.6	10.3	5.15	4.12
5.36	2.680	1.340	1.072	0.536	123	61.3	40.9	20.4	10.2	5.11	4.09
5.38	2.690	1.345	1.076	0.538	122	60.8	40.5	20.3	10.1	5.07	4.05
5.40	2.700	1.350	1.080	0.540	121	60.3	40.2	20.1	10.1	5.03	4.02
5.42	2.710	1.355	1.084	0.542	120	59.8	39.9	19.9	9.97	4.99	3.99
5.44	2.720	1.360	1.088	0.544	119	59.3	39.6	19.8	9.89	4.95	3.96
5.46	2.730	1.365	1.092	0.546	118	58.9	39.2	19.6	9.81	4.91	3.92
5.48	2.740	1.370	1.096	0.548	117	58.4	38.9	19.5	9.73	4.87	3.89
5.50	2.750	1.375	1.100	0.550	116	57.9	38.6	19.3	9.66	4.83	3.86
5.52	2.760	1.380	1.104	0.552	115	57.5	38.3	19.2	9.58	4.79	3.83
5.54	2.770	1.385	1.108	0.554	114	57.0	38.0	19.0	9.50	4.75	3.80
5.56	2.780	1.390	1.112	0.556	113	56.6	37.7	18.9	9.43	4.71	3.77
5.58	2.790	1.395	1.116	0.558	112	56.1	37.4	18.7	9.35	4.68	3.74
5.60	2.800	1.400	1.120	0.560	111	55.7	37.1	18.6	9.28	4.64	3.71
5.62	2.810	1.405	1.124	0.562	110	55.2	36.8	18.4	9.21	4.60	3.68
5.64	2.820	1.410	1.128	0.564	110	54.8	36.5	18.3	9.14	4.57	3.65
5.66	2.830	1.415	1.132	0.566	109	54.4	36.3	18.1	9.06	4.53	3.63
5.68	2.840	1.420	1.136	0.568	108	54.0	36.0	18.0	8.99	4.50	3.60
5.70	2.850	1.425	1.140	0.570	107	53.5	35.7	17.8	8.92	4.46	3.57
5.72	2.860	1.430	1.144	0.572	106	53.1	35.4	17.7	8.85	4.43	3.54
5.74	2.870	1.435	1.148	0.574	105	52.7	35.1	17.6	8.79	4.39	3.51
5.76	2.880	1.440	1.152	0.576	105	52.3	34.9	17.4	8.72	4.36	3.49
5.78	2.890	1.445	1.156	0.578	104	51.9	34.6	17.3	8.65	4.33	3.46
5.80	2.900	1.450	1.160	0.580	103	51.5	34.3	17.2	8.59	4.29	3.43
5.82	2.910	1.455	1.164	0.582	102	51.1	34.1	17.0	8.52	4.26	3.41
5.84	2.920	1.460	1.168	0.584	101	50.7	33.8	16.9	8.45	4.23	3.38
5.86	2.930	1.465	1.172	0.586	101	50.3	33.6	16.8	8.39	4.20	3.36
5.88	2.940	1.470	1.176	0.588	99.9	50.0	33.3	16.7	8.33	4.16	3.33
5.90	2.950	1.475	1.180	0.590	99.2	49.6	33.1	16.5	8.26	4.13	3.31
5.92	2.960	1.480	1.184	0.592	98.4	49.2	32.8	16.4	8.20	4.10	3.28
5.94	2.970	1.485	1.188	0.594	97.7	48.8	32.6	16.3	8.14	4.07	3.26
5.96	2.980	1.490	1.192	0.596	96.9	48.5	32.3	16.2	8.08	4.04	3.23

续表

压痕平均直径 d/mm					布氏硬度/HBS* 或 HBW						
5.98	2.990	1.495	1.196	0.598	96.2	48.1	32.1	16.0	8.02	4.01	3.21
6.00	3.000	1.500	1.200	0.600	95.5	47.7	31.8	15.9	7.96	3.98	3.18

注:* 在 GB/T 231.1—2002 中已经不再采用。

附录 B　希腊字母及近似读音

字母		读音	字母		读音	字母		读音	字母		读音	字母		读音
A	α	阿尔发	Z	ζ	仄塔	Λ	λ	兰姆达	Π	π	派	Φ	φ	斐
B	β	贝塔	H	η	衣塔	M	μ	缪	P	ρ	罗	X	χ	克墨
Γ	γ	嘎马	Θ	θ	西塔	N	ν	纽	Σ	σ	西格马	Ψ	ψ	普塞
Δ	δ	得耳塔	I	ι	爱俄塔	Ξ	ξ	克塞	T	τ	套乌	Ω	ω	欧米嘎
E	ε	厄普西龙	K	κ	卡帕	O	o	俄米克龙	Y	υ	宇普西龙			

附录 C　钢的临界直径 D_0

钢　号	半马氏体硬度/HRC	20~40℃水, D_0/mm	40~80℃矿油, D_0/mm
35	38	8~13	4~8
40	40	10~15	5~9.5
45	42	13~16.5	5~9.5
60	47	11~17	6~12
T10	55	10~15	<8
40Mn	44	12~18	7~12
40Mn2	44	55~62	32~46
45Mn2	45	17~40	9~27
65Mn	53	25~30	17~25
15Cr	35	10~18	5~11
20Cr	38	12~19	6~12
30Cr	41	14~25	7~14
40Cr	44	30~38	19~28
45Cr	45	30~38	19~28
40MnB	44	50~55	28~40
40Mn2B	44	47~52	27~40
40MnVB	44	60~76	40~58

续表

钢号	半马氏体硬度/HRC	20~40℃水,D_0/mm	40~80℃矿油,D_0/mm
20MnVB	38	55~62	32~46
20MnTiB	38	36~42	22~28
35SiMn	43	40~46	25~34
35CrB	43	31~44	19~31
35CrMo	43	36~42	20~28
60Si2Mn	52	55~62	32~46
50CrVA	48	55~62	32~40
30CrMnTi	41	40~50	23~40
38CrMoAlA	44	100	80
18CrMnTi	37	22~35	15~24
40CrMnTi	44	55~60	23~40
30CrMnSi	41	40~50	32~40

附录 D 常用钢临界温度及热处理工艺参数

附表 D-1 调质钢

钢号	A_{c1}/℃	A_{c3}/℃	A_{r1}/℃	A_{r3}/℃	M_s/℃	退火温度/℃	退火硬度/HB	正火温度/℃	正火硬度/HB	淬火温度/℃	淬火介质	淬火硬度/HRC	回火温度/℃	回火硬度
30	732	813	677	796	380	850~900	—	850~900	179	850~900	水	48~53	550~650	152HB~212HB
35	724	802	680	774	350	850~880	≤187	840~890	191	850~890	水	48~55	480~500	28HRC~32HRC
40	724	790	680	760	310	840~870	≤187	840~860	207	830~850	水	53~58	480~520	28HRC~32HRC
45	724	780	682	751	330	800~840	≤197	830~880	226	820~840	水	55~60	500~540	28HRC~32HRC
50	725	760	690	721	300	820~840	≤207	830	—	810~830	水	58~63	500~560	30HRC~35HRC
55	727	774	690	755	290	800	≤217	820	—	800~820	水	60~65	550~580	28HRC~32HRC
30Mn	734	812	675	796	345	890~900	≤187	900~950	217	825~850	水	49~53	400~650	—
40Mn	726	790	689	768		820~860	≤207	850~900	229	840~850	油	52~58	600	235HB
50Mn	720	760	660	754	304	800~840	≤217	830	255	820~840	水或油	60~64	550~600	28HRC~33HRC
35Mn2	713	793	630	710	325	830~880	≤207	840~860	≤241	830~850	水或油	52~57	500~550	25HRC~32HRC
40Mn2	713	766	627	704	320	820~850	≤217	840~860	≤241	830~850	水或油	54~59	550~600	230HB~300HB
45Mn2	715	770	640	720	320	810~840	≤217	820~860	187~241	810~840	水或油	57~63	500~550	30HRC~35HRC
50Mn2	710	760	596	680	320	790~820	≤229	830~850	206~241	790~820	油	60~64	500~600	28HRC~35HRC
35SiMn	750	830	645		330	850~870	≤229	860~890	—	860~890	水或油	52~57	500~540	28HRC~32HRC
42SiMn	765	820	645	715	330	830~850	≤229	850~880	244	850~880	水或油	55~59	590	27HRC~30HRC
40B	730	790	690	727		840~870	≤207	850~870	—	840~860	油或水	54~58	550	25HRC~28HRC
45B	725	770	690	720	280	780~800	≤217	830~850	—	830~850	水或油	54~60	500~600	30HRC~36HRC
40MnB	730	780	650	700	325	820~860	≤207	850~900	197~207	820~860	油或热水	54~59	500~600	260HB~325HB

续表

钢号	A_{c1}/°C	A_{c3}/°C	A_{r1}/°C	A_{r3}/°C	M_s/°C	退火温度/°C	退火硬度/HB	正火温度/°C	正火硬度/HB	淬火温度/°C	淬火介质	淬火硬度/HRC	回火温度/°C	回火硬度/HRC
45MnB	727	780	—	—	—	820~860	≤217	840~870	≤229	830~860	油或热水	57~61	500~550	28HRC~33HRC
40MnVB	730	774	639	681	300	830~900	≤207	860~900	≤229	840~870	水或油	54~59	500~560	28HRC~32HRC
30Cr	740	815	670	—	355	830~850	≤187	850~870	—	850~870	油	48~55	500~550	28HRC~33HRC
35Cr	740	815	670	—	365	830~845	≤207	850~870	—	850~870	油	51~56	520~550	28HRC~33HRC
40Cr	743	800	693	730	355	825~845	≤207	850~870	≤250	840~870	油	54~59	560~580	28HRC~32HRC
45Cr	721	771	660	693	355	820~840	≤217	830~860	≤228	830~850	油	56~61	560~580	28HRC~33HRC
50Cr	721	771	660	693	250	800~820	≤229	830~850	≤320	820~840	油	59~65	600~650	30HRC~35HRC
30CrMo	757	807	693	763	345	830~850	≤229	860~890	—	860~890	油	50~55	540~570	28HRC~32HRC
35CrMo	755	800	695	750	371	820~840	≤229	830~860	≤241	820~850	油	52~56	520~560	30HRC~35HRC
42CrMo	730	780	690	—	360	850	≤217	850~860	—	850~860	油	55~59	220~650	28HRC~58HRC
40CrV	755	790	700	745	218	830~850	≤241	850~880	—	850~880	水或油	54~58	450~500	35HRC~42HRC
40CrMnMo	735	780	680	—	246	840~850	≤241	—	≤321	840~850	油	54~59	630~650	30HRC~35HRC
30CrMnTi	765	790	660	740	—	—	—	880~920	156~216	840~860	油	61~65	180~200	58HRC~63HRC
40CrNi	731	769	660	702	305	820~850	≤207	840~860	≤250	840~860	油	54~59	500~550	30HRC~35HRC
45CrNi	725	775	680	—	310	840~850	≤217	850~880	≤219	810~830	油	56~61	560~600	25HRC~30HRC
50CrNi	735	750	657	690	300	820~850	≤207	870~900	180~207	800~820	油	59~65	440~460	35HRC~38HRC
30CrNi3	699	749	621	649	320	810~830	≤241	840~860	170~228	810~840	油	50~54	550~650	23HRC~28HRC
37CrNi3	710	770	640	—	310	790~820	≤269	840~860	—	850~860	油	51~57	650~670	30HRC~35HRC
40CrNiMoA	732	774	680	—	—	840~860	≤269	890~920	—	840~860	油	55~59	640~670	28HRC~32HRC
45CrNiMoVA	710	790	—	—	275	850~860	≤269	—	—	850~900	油	—	200~650	35HRC~56HRC

附表 D-2 弹簧钢

钢 号	A_{c1}/℃	A_{c3}/A_{ccm}/℃	A_{r1}/℃	A_{r3}/A_{rcm}/℃	M_s/℃	退火温度/℃	正火温度/℃	正火硬度/HB	淬火温度/℃	淬火介质	回火温度/℃	回火硬度
60	727	766	690	743	265	800~820	800~820	≤255	800~820	水	380~450	40HRC~45HRC
65	727	752	696	730	265	790~810	820~840	≤255	790~810	水	400~500	37HRC~45HRC
85	723	737	690	695	220	780~800	800~840	≤302	780~820	水或油	375~400	40HRC~49HRC
65Mn	726	765	689	741	270	780~840	820~860	≤269	780~840	油或水	380~400	45HRC~50HRC
60Si2Mn	755	810	700	770	305	750	830~860	≤302	860~880	油或水	410~460	45HRC~50HRC
50CrVA	752	788	688	746	300	810~870	850~880	≤288	850~890	油	400~500	42HRC~47HRC

附表 D-3 轴承钢

钢 号	A_{c1}/℃	A_{c3}/℃	A_{r1}/℃	A_{r3}/℃	M_s/℃	退火温度/℃	退火硬度/℃	淬火温度/℃	淬火介质	淬火硬度/HRC	回火温度/℃	回火硬度/HRC
GCr6	735	860	700	—	—	780~800	170~207	800~825	油或水	62~66	150~170	61~65
GCr9	740	887	700	—	—	780~810	187~228	800~850	油	62~66	150~170	61~65
GCr9SiMn	738	775	700	724	—	760~790	≤217	800~840	油	63~65	150~170	61~65
GCr15	745	900	700	707	240	780~810	197~228	830~860	油或水	62~66	150~170	61~65
GCr15SiMn	770	872	708	—	210	780~810	170~207	820~860	油	≥62	150~170	61~65

附表 D-4　工具钢

钢号	A_{c1}/℃	A_{c3}/A_{ccm}/℃	A_{r1}/℃	M_s/℃	退火温度/℃	退火硬度/HB	预热温度/℃	淬火温度/℃	淬火介质	淬火硬度/HRC	回火温度/℃	回火硬度/HRC
T7	725	765	700	240	730~750	≤187	650	780~830	盐水或水	63~65	160~200	60~63
T8	730	750	700	220~230	740~760	≤187	600~650	730~750	水或盐水	63~65	150~220	57~63
T8Mn	750~780		710~675	180	740~760	≤207	—	760~820	水	63~65	150~200	≥59
T9	730	760	700	190	750~780	≤201	600~650	760~800	水或盐水	64~66	150~300	55~65
T10	730	800	700	210	760~780	≤197	565~600	760~780	盐水~油	64~66	150~250	58~63
T11	730	810	700	220	760~790	<202	—	760~780	水或盐水	64~66	160~300	55~65
T12	730	820	700	200	760~780	<207	—	760~780	水或油	64~66	160~250	58~63
T13	730	830	700	190	680~710	210	—	760~790	水	64~66	200~300	54~62
9SiCr	770	870	730	160	780~800	197~241	600~650	860~870	油	62~64	150~250	58~62
Cr06	730	950	700	145	780~800	241~187	—	780~800	水	65~62	200~300	55~62
Cr2	745	900	700	240	770~800	179~207	—	790~840	油或水	64~66	150~320	56~64
9Cr2	730	860	700	270	770~790	179~229	—	820~850	油	62	160~250	58~62
W	740	820	710		760~800	183~207	—	790~830	水或盐水	63~66	150~250	60~64
4CrW2Si	780	840		315	800~820	179~229	700~750	870~900	油	52~57	250~400	48~52
5CrW2Si	770	860	725	295	800~820	207~255	700~750	870~900	油	56~61	200~250	53~58
6CrW2Si	770	810	725	280	780~800	229~285	650~700	850~880	油	58~63	430~470	45~50
Cr12	810	835	755	180	870~900	207~255	800~850	980~1000	油	63~65	200~540	54~61
Cr12MoV	830	855	750	230	870~900	217~250	800~850	980~1050	油或空	63~65	200	≥60
9Mn2V	736	765	652	180	740~775	≤212	650（大件）	790~815	油	≥62	150~260	57~62
CrWMn	750	940	710	200~210	770~790	179~227	650~700	830~850	油	63~65	150~250	62~64

续表

钢号	A_{c1}/℃	A_{c3}/A_{ccm}/℃	A_{r1}/℃	M_s/℃	退火温度/℃	退火硬度/HB	预热温度/℃	淬火温度/℃	淬火介质	淬火硬度/HRC	回火温度/℃	回火硬度/HRC
9CrWMn	750	900	710	230	770~790	187~228	650	820~840	油	64~66	150~200	≥60
Cr4W2MoV	795	900	760	142	805~870	240~255	800~850	980~1040	油或熔盐	>60	500~540	>60
5CrMnMo	700	800	680	215	710~750	≤230	—	830~870	油	58~62	490~640	30~47
4Cr5MoV1Si	875	935	760	305	845~900	192~229	800~850	995~1040	空或油	55~58	540~650	38~53
5CrNiMo	730	780	610	230	700~720	≤241	—	840~860	油	58~62	500~550	38~41
3Cr2W8V	800	850	690	380	860~900	205~235	800~850	1130~1150	油或空	49~56	550~650	48~52
8Cr3	785	830	750	370	800~820	207~255	—	820~860	油	61~64	150~200	>60
4Cr5W2VSi	800	875	730	275	840~880	≤241	800~850	1030~1050	空或油	52~57	560~580	47~49

附录 E 钢的辐射火色

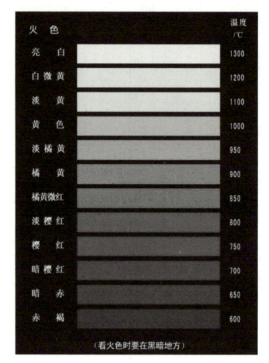

E-1 钢的辐射火色

参 考 文 献

[1] 顾惠秋.金属材料与热处理[M].北京:机械工业出版社,2005.
[2] 吴元徽.热处理工(中级)[M].北京:机械工业出版社,2006.
[3] 刘永海.涂装工[M].北京:机械工业出版社,2006.
[4] 吴元徽.热处理工(初级)[M].北京:机械工业出版社,2009.
[5] 徐美刚,郑金芝.涂装工艺学[M].北京:中国劳动社会保障出版社,2010.
[6] 人力资源和社会保障部教材办公室.金属材料及热处理[M].北京:中国劳动社会保障出版社,2011.
[7] 王学武.金属材料与热处理[M].北京:机械工业出版社,2016.
[8] 杨满,刘朝雷.热处理工艺参数手册[M].2版.北京:机械工业出版社,2020.
[9] 韩志勇.金属材料与热处理[M].7版.北京:中国劳动社会保障出版社,2018.